普通高等学校“十三五”规划教材

基于UML的面向对象系统分析与设计案例

A CASE ABOUT OBJECT-ORIENTED SYSTEM ANALYSIS AND DESIGN BASED ON UML

闵惜琳　聂小东　吴祀悦　著

中国财经出版传媒集团
经济科学出版社
Economic Science Press

图书在版编目（CIP）数据

基于UML的面向对象系统分析与设计案例/闵惜琳，聂小东，吴祀悦著．—北京：经济科学出版社，2019.5
ISBN 978-7-5218-0311-2

Ⅰ.①基… Ⅱ.①闵…②聂…③吴… Ⅲ.①面向对象语言-程序设计 Ⅳ.①TP312.8

中国版本图书馆CIP数据核字（2019）第035140号

责任编辑：程辛宁
责任校对：杨　海
责任印制：邱　天

基于UML的面向对象系统分析与设计案例
闵惜琳　聂小东　吴祀悦　著
经济科学出版社出版、发行　新华书店经销
社址：北京市海淀区阜成路甲28号　邮编：100142
总编部电话：010-88191217　发行部电话：010-88191522
网址：www.esp.com.cn
电子邮件：esp@esp.com.cn
天猫网店：经济科学出版社旗舰店
网址：http://jjkxcbs.tmall.com
固安华明印业有限公司印装
787×1092　16开　7.5印张　160000字
2019年5月第1版　2019年5月第1次印刷
ISBN 978-7-5218-0311-2　定价：38.00元

前 言

本书的诞生源于某市的一个土地出让金收支管理系统项目。为了确保开发出来的管理系统能够满足业务需要、解决业务问题，则需要确保从实际的业务需求开始，到系统分析、设计，再到代码开发实现，整个过程不偏离目标。因此，考虑采用面向对象的思想和方法、使用UML统一建模语言将业务和需求表达清楚，并进行系统的分析、设计与开发。

本书希望避免枯燥的理论堆砌，而在学习理论方法的基础上，重点结合实际项目案例，将面对一个项目时的思考和分析过程展示给读者启发思考。

本书的案例，我们保留了该项目需求调查的真实性，希望借此让读者更好地看到整个项目的分析过程，了解这个项目是从最初的业务调查，到业务分析，再到需求分析，最终到系统分析、设计等一系列的阶段。

本书对项目的分析设计，是按照RUP统一过程，结合项目本身特点进行调整，得出当前呈现出来的案例。如您遇到的项目或问题与此相似，当然可以参照其中的阶段划分与分析思路，去解决实际的问题。但我们更希望，您能通过这本书、透过本案例，理解在实际业务中分析问题、寻找解决方案的思考过程，理解面向对象、软件过程、UML等知识在实际项目中的应用方法，理解从业务到需求再到系统的分析和推导过程。

本书将面向对象方法和UML知识应用于一个完整的真实案例，让读者深刻领悟理论与实践的结合。当前大部分书籍偏重理论，偏重面向对象方法、UML知识的理论知识，所举出的例子比较分散，且主要用于说明理论知识，读者难以把握整个项目开发。还有一部分书籍偏重于具体开发实现，分析设计部分叙述得比较简单，读者要开展一个新的项目时往往难以运用理论进行分析设计。本书在土地出让金管理系统项目中，从开始到最后系统设计实现，都贯穿使用面向对象方法和UML知识，在具体的项目开发中看到如何应用这些理论知识，读者可以由此举一反三地进行新项目的开发。

本案例仅仅只是一个表现的载体，希望能借助这个载体向读者传达面向对象方法、UML知识等在实际项目中的使用方法和分析过程；本案例的分析与设计也并非标准答案，只是抛砖引玉，期望读者在学习、实践中可以参考借鉴，并结合自身的实际，总结出自己的方法。时间仓促、水平有限，书中难免存有疏漏或错误，希望读者朋友不吝赐教。

本书共分为六章，闵惜琳、吴祀悦完成第一章至第五章，聂小东完成第六章。

本书由2016年广东省高等学校电子商务特色专业建设项目及2018年广州市高校创新创业教育项目（项目批准号：201709k21）资助出版。

目 录

第一章

理论基础

第一节 ● ● ●

面向对象

本书根据面向对象思想对本项目系统进行分析与设计。因此，在开始对本项目系统进行详细分析设计前，有必要先对本书所运用的基础理论知识进行阐述。

面向对象是本系统分析与设计的基础，也是贯穿全书的核心思想与理论基础。在充分理解面向对象思想和方法的基础上，使用UML统一建模语言作为工具，对系统进行分析与设计，以确保面向对象的分析与设计思想贯穿全书的分析设计过程。

面向对象（Object Oriented，OO）在软件开发领域是一种软件开发方法、主流编程思想。在开发编程中，经常被提及的便是其继承、封装、多态、复用等特征。然而，作为一种思想和方法，其本质是前人总结提炼出来的对世界或事物的认知方法。

面向对象是一种对现实世界认知理解和抽象的方法。它将现实世界看作一个个相互独立的对象，这些对象内部各有其内在逻辑且不为外部所知晓，正常情况下这些对象之间没有因果关系，也没有关联。唯有在某种外部条件的推动下，对象与对象之间才可能根据这某种条件或规则进行交互、产生信息传递。这就与供电厂供电的过程类似：供电厂内部有其发电、存电等一系列复杂的处理逻辑，外部无须知晓它是怎么处理的；当消费者需要用电时，只需将电器的电线插头接入预先铺设好的电路插座接口，即可马上享受用电。

面向对象这种看待现实世界的方式，有其独特的优越性。它可以对纷繁复杂的现实世界进行提炼、概括，继而将具体的变为抽象的，凡是具体的就难免带有特殊性，而抽象的，则开始具备一定的普遍性和通用性；可以帮助我们在更高的层面去认识现实世界，并运用它更有效地、更广泛地解决现实世界中越发复杂的问题，化繁为简。这就好比针对一些实际问题，总结出了一套“公式”或“法则”，在面对类似问题或情况时，只需套用或适当调整，就能得出结论答案，从而大大提高解决问题的效率。

面向对象是一种思想与方法，既能用于指导我们认识世界，更可用于指导软件系统的分析与设计。当然，思想方法是抽象的，如需将其运用过程进行描述与展现，则还需借助工具进行辅助。在软件系统分析与设计领域，UML（Unified Modeling Language）正是这样的一种工具。UML 又称统一建模语言或标准建模语言，是始于 1997 年一个 OMG（Object Management Group，即对象管理组织，是一个国际化的、开放成员的、非营利性的计算机行业标准），它是一个支持模型化和软件系统开发的图形化语言。

第二节

UML 建模

一、UML 简介

UML（Unified Modeling Language）统一建模语言，是一种用来对软件系统开发的产出进行可视化、规范定义、构造和文档化的面向对象的标准建模语言。作为一种标准的面向对象建模语言，想用好它，发挥其真正的作用，从而做出真正符合面向对象思想的软件系统，归根结底还是需要充分理解面向对象思想和方法是如何对现实世界进行认知理解和抽象的。

UML 作为工具，只是在“技”的层面，在面向对象思想这个“道”的指导下运用。借助这个工具，可以更好地把现实世界映射到对象世界，用对象世界来描述和反映现实世界。因此，在系统分析设计过程中，正确使用 UML，能更好地描述系统分析设计的整个过程，为实现系统做好基础工作。

UML 作为一门语言，与其他语言类似，有其内容元素和使用规则，这就好比语言中的“词汇”和“语法”。UML 建立模型过程中所使用的基本元素，好比其“词汇”，如用例、参与者、类、组件等；在建模过程中，这些元素之间的使用规则，好比其“语法”，如用例图、活动图就是由基本元素在这种规则指导下所绘制的视图。学习一门语言，需学习其“词汇”，掌握其“语法”，通过对“语法”的运用，将“词汇”合理组织起来，方可编写“文章”，进而“传情达意”。UML 中，通过元素、视图建立起来的模型，就是这样一种可准确描述现实世界，又便于用计算机逻辑思维去理解的“文章”，如业务模型、系统模型等。UML 的基本构成如图 1－1 所示。

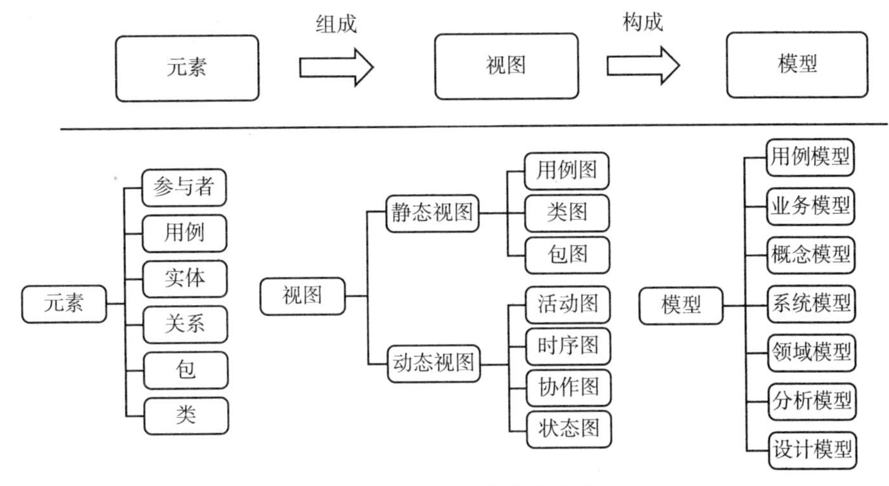

图 1－1 UML 的基本构成

二、软件过程

UML 作为一种语言，也需要在某种方法的指导下才能完成对软件项目的分析设计。软件过程便是 UML 的指导方法，其中“统一过程”是最为著名的方法。

RUP（Rational Unified Process）即统一过程，是一个采用了面向对象思想，使用 UML 作为软件分析设计语言，并且结合了项目管理、质量保证等许多软件工程知识综合而成的一个非常完整和庞大的软件方法。当然，统一过程是非常重量级的软件方法，并不是对所有项目都适合用来指导 UML 的建模过程。尤其是对一些中小型的项目来说，统一过程显得过于庞大了，无法承受。

因此，统一过程作为使用 UML 模型最为全面、应用最完整的软件方法，可以作为参考或依据，在实际项目中有所取舍地进行调整、简化，定制出对项目最为合适的软件过程，进行 UML 建模。图 1－2 摘自 IBM 公司关于统一过程的官方文档，展示了统一过程的总体概述。

三、建模思路

使用 UML，本身就是一个建模的过程。建模就是建立模型，是为了理解事物而对事物做出的一种抽象，从而实现对事物的无歧义的描述或表达。建模是研究系统的重要手段和前提。

在不同的分析阶段，UML 的建模似乎都可以灵活使用各种基本元素，绘制不同视图，从而建立起相应的模型。因此，容易让人产生疑问：到底哪个阶段该用什么元素、绘制什么视图呢？

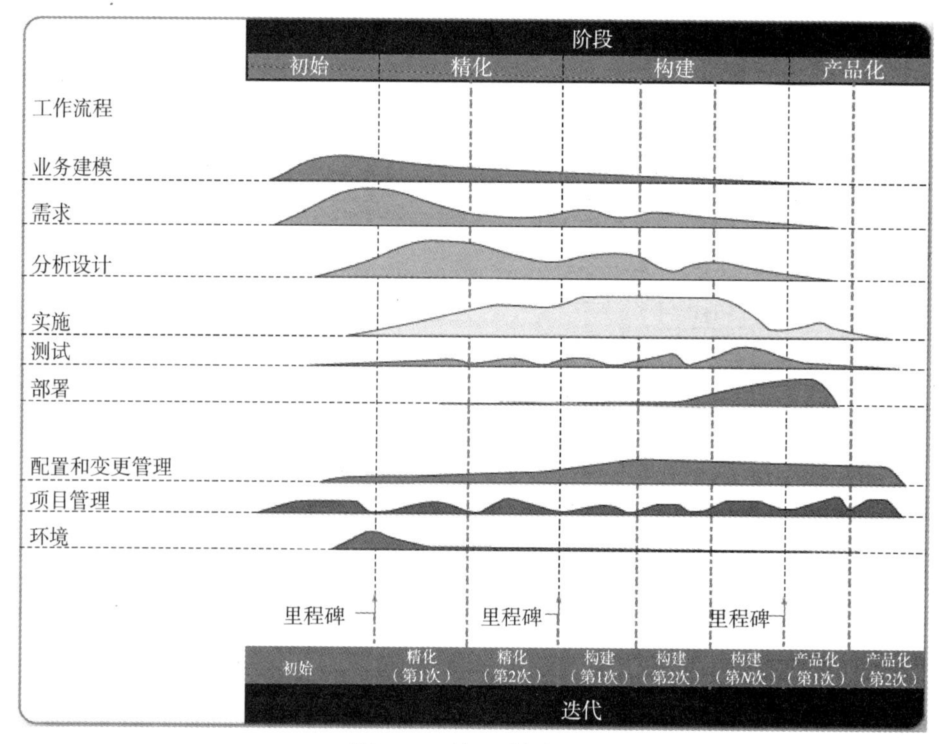

图1－2 统一过程概述

在UML建模中，视图是由元素组成的，如文章中的句子，用以表达某个观点；模型是使用这些视图来对需求、分析、设计等各个阶段工作进行描述和表达。因此，需要站在软件工程的角度，明确该软件项目的软件过程，从而明确项目的哪个阶段应该使用什么模型，针对模型又该使用什么视图，以此再去UML中选取你需要的元素工具。简而言之，即软件过程决定该选取哪些模型，模型决定由哪些视图构成，视图决定由哪些元素组成，如图1－3所示。

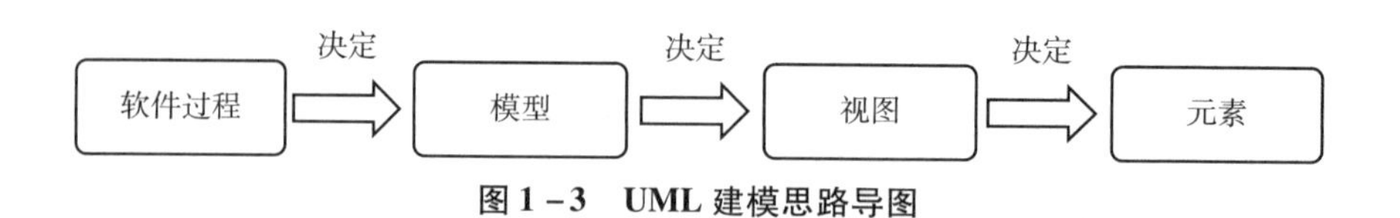

图1－3 UML建模思路导图

第二章

前期工作

软件作为辅助人们解决问题的一种工具，其价值在于它能满足某些问题领域的需求，从而达到帮助人们解决某些具体问题的目标。因此，软件系统项目总是以了解问题领域为开端。

本项目也从问题领域开始，而要了解问题领域，则需要了解清楚业务，分析业务架构、业务流程、业务细节等相关信息，从而明确该业务是为实现什么目标、如何展开、有哪些规则等业务情况，才能发现该业务存在哪些问题。

本项目软件的分析设计过程，先是进行业务调研，对所涉及的业务有了初步的了解，形成业务概况。在此基础上，深入调研、层层分析，逐步发现实际业务存在的问题，并总结、梳理出业务目标。业务目标，是业务方对要建设的系统的期望。

第一节

业务概况

本项目涉及业务为某市的土地出让金收支管理业务，为了更好地理解业务，让我们先了解何为土地出让金。土地出让金，是指各级政府土地管理部门将土地使用权出让给土地使用者，按规定向受让方收取的土地出让的全部价款。

该市的土地出让金收支管理业务，在实际的业务操作过程中需要市国土局、市发改委、市财政局三个部门共同参与完成。其中，市国土局负责土地出让合同管理、土地出让金收款等，即负责土地出让金的收入环节管理；市财政局负责土地出让金的支出预算安排、财政支出管理等，即负责土地出让金的支出环节管理；市发改委主要负责及时了解、掌握土地出让金的收入情况，协调市财政局完成土地出让金的支出环节管理。

同时，在该市的土地出让金收支管理业务实际操作中，由于政策或其他合法原因，可能出现受让方实际缴交金额大于合同约定金额的情况，在这种情况下，受让方可申请办理退还部分土地出让金，此为退库业务。另外，由于政策或相关规定，还可能出现在土地出让金全部缴纳后，受让方可申请返还部分金额的情况，此为返拨业务。

第二节 • • •

存在问题

根据对当前土地出让金收支管理业务的实际情况，以及三个部门在业务的实际操作、管理中所遇到的情况分析，发现主要存在以下问题：

1. 市国土局在土地出让合同的管理上，使用的是局内的合同管理系统，其中对合同的管理没有对应到土地出让金的来源类别；而市发改委在实际业务管理中需要知道土地出让金对应的来源。因此，目前土地出让金无法对应来源的问题在实际业务操作过程中造成了不便。

2. 市财政局对于土地出让金的财政支出，通过局内的财政支出管理系统进行管理，其中属于土地出让金部分的支出情况未能与市发改委形成信息共享，因此，市发改委无法通过及时了解支出情况，进行相关项目支出额度的调整。

3. 土地出让金收入是由市国土局相关工作人员在市财政局的某市非税收入管理系统上进行登记。而非税收入管理系统登记的土地出让金收入却以缴款通知书编号为主要查询字段，合同号仅仅是作为备注加以补充。因此，在非税收入管理系统中无合同字段，为数据的对应增加了难度。

4. 实际业务中存在退库业务、返拨业务，且这两种业务在管理上均需要进行审批，而当前业务管理中使用的系统，缺少对这两种业务的管理，因此，导致当前土地出让金收支管理业务的操作流程不够完善、数据不够全面。

5. 网络类型的不同导致数据传送、信息共享困难。本项目的需求提出者为市发改委，该部门希望在市发改委处建设新系统，以解决土地出让金收支管理业务上的相关问题。当前市发改委的办公网络处于某市电子政务外网；市国土局的合同管理系统处于其局内局域网；市财政局的财政支出管理系统处于其局内局域网，某市非税收入管理系统处于某市电子政务外网。不同系统分别处于三种不同网络，导致数据传送、信息共享困难。

第三节 ● ● ●

业务目标

通过对实际情况的调查、分析，对该问题领域的了解，最终市发改委、市财政局和市国土局根据实际业务需要，针对当前存在的问题，为实现土地出让金收支信息共享和精细化管理，确定开发以市数据中心平台为依托的土地出让金收支管理系统，以达到如下目标：

1. 通过数据中心平台搭建数据传送、信息共享的平台，为本项目管理系统解决数据来源问题。

2. 协调市国土局、市财政局，将合同管理系统、财政支出管理系统、非税收入管理系统中土地出让金部分的相关数据进行对应与共享，通过本项目管理系统进行数据整合，以解决当前存在的问题，由此打通土地出让金的收入与支出管理，优化、完善土地出让金收支管理业务。

3. 增加对退库业务、返拨业务的管理及流程的监控；以解决原本市国土局、市财政局在系统上缺少对退库及返拨业务管理的问题，完善土地出让金收支管理业务。

第四节 ● ● ●

可行性分析

可行性分析是在进行初步调查后所进行的对系统开发的必要性和可能性的研究，也称可行性研究。可行性是必要性、可能性和有益性的有机结合，而非单指可能性。可行性研究是用最小的代价在尽可能短的时间内确定问题是否有必要解决，是否能够解决，是否值得解决。因此，主要可以从技术可行性、经济可行性、操作可行性和社会可行性四个方面进行分析。

一、技术可行性

根据本项目的前期调查，本项目在开发上存在一些问题。

（一）网络环境方面

不同网络环境中的信息共享问题，当前某市已经启用某市数据中心作为平台，提供相关的服务，解决技术的难题。因此，鉴于信息共享技术上是可行的，用户也提出了使用数据中心为平台，方便后期系统的拓展。

（二）系统开发方面

根据用户要达到的业务目标，当前的技术水平完全可以达到用户的要求，足够满足本系统的功能及非功能性需求。因此，本项目系统的开发在技术上是可行的。

二、经济可行性

本项目系统的功能需求不高，开发难度不大，同时系统目标并不复杂，开发周期较短，人员经济支出不多，软硬件环境成熟。其经济成分比重相对较少，由于该系统涉及政府业务，主要费用应该来自系统后期的维护和更新，以及数据库的维护。总体来说，此系统的开发在经济方面是可行的。

三、操作可行性

本项目系统经过了前期的调研，系统各方面的需求，均是通过与用户沟通、商讨得出。其中，包括对系统具体的运行情况，操作的规程与操作的要求，都一一得到用户的认可和确认。因此，本系统从开发到实施，再到使用，在市发改委、市国土局、市财政局三个部门用户之间可以保证系统能有效运行，从而保障了系统的操作可行性。

四、社会可行性

在当前信息技术飞速发展的大环境下，政府部门政务的高度信息化已经成为不可改变的趋势，该土地出让金收支管理系统在市发改委、市国土局和市财政局的投入使用，必将提高三个部门的信息化水平和管理水平、增强管理决策能力、提高办公效率。

综上分析，本系统的开发，在技术、经济、操作、社会等方面都是可行的，既有它的必要性，也有其可能性。因此，通过开发本系统来完善某市土地出让金收支管理业务是切实可行的。

第三章

业务建模

准确无误地理解现实业务，是获得正确的系统需求的前提条件。因此，业务建模是为现存的实际业务建立模型；是从业务参与者的角度出发，用模型对业务需求进行描述，从而取得与业务参与者在业务理解上的共识，确保获取正确的需求。

业务建模作为统一过程的一个核心工作流，位于初始阶段。业务建模阶段在 UML 建模中主要使用业务用例模型、概念用例模型和领域模型等进行建模。本项目根据实际需求，主要采用业务用例模型，通过对业务的分析、获取业务用例、描述业务用例场景、给出业务用例规约构建出实际业务的模型。

第一节

业务分析

通过以上前期工作对业务的调研与分析，可知当前业务主要包括：土地出让金收入环节管理、土地出让金支出环节管理两个方面。

同时，在该市的实际业务操作中，每个土地出让合同的管理中可能出现退库、返拨等情况。在该市的业务规定中，退库业务是对土地出让金收入的修正，退库金额一次性退完，不属于土地出让金支出；因此，退库业务是土地出让金收入环节管理中一个可能发生、非必然发生的分支业务，属于土地出让金收入环节管理业务。同样在该市的业务规定中，返拨业务则可能根据实际情况多次返拨金额给受让方，是土地出让金支出环节管理中一个可能发生、非必然发生的分支业务，属于土地出让金支出环节管理业务。

一、收入环节管理业务

由上述分析可知，土地出让金收入环节管理包括收入管理、退库管理业务。

收入管理是收入环节管理的核心主干业务，在收入环节管理业务中必然发生，具体业务过程描述如下：

受让方签订合同后，市国土局业务人员将合同信息录入合同管理系统，开具一式四联的“收款通知”；受让方凭“收款通知”到市国土局计财处缴交支票，计财处业务人员将相关信息录入某市非税收入管理系统，开具“非税收入缴款通知书”，并将“非税收入缴款通知书”和支票送递银行；款项到账后，银行通过某市非税收入管理系统开具“非税收入（电子）票据”，非税收入管理系统即时自动更新对应的缴款情况，由计财处核对“非税收入（电子）票据”后，盖章确认，业务完成。

退库管理是收入环节管理中的可选分支业务，在符合条件时才发生，具体业务过程描述如下：

当由于政策或其他合法原因，出现受让方实际缴交金额大于合同约定金额的情况，受让方可申请办理退还部分土地出让金。其后，市国土局发起退库信息，填写、提交“某市财政收入退库申报表”，由市财政局负责审核、审批，市财政局审核通过后，由银行负责核对后实际退款。

二、支出环节管理业务

由上述分析可知，土地出让金支出环节管理，包括支出管理、返拨管理业务。

支出管理是支出环节管理的核心主干业务，在支出环节管理业务中必然发生，具体业务过程描述如下：

年初，市发改委和市财政局根据市国土局对全年土地出让金收入的预测，按“以收定支”的原则安排土地出让金支出预算，年中再根据了解到土地出让金实际收入决定年初预算中各项目的支出额度，市财政局在财政支出管理系统上具体操作。

返拨管理是支出环节管理中的可选分支业务，在符合条件时才发生，具体业务过程描述如下：

由于满足政策或相关规定，在土地出让金全部缴纳后，受让方可申请返还部分金额。申请返拨的机构单位，首先向市国土局提出返拨申请，并登记申请返拨金额；随后，市国土局、市发改委、市财政局三个部门一起根据申请返拨的机构单位的申请情况、合同信息、返拨金额等信息，对此返拨申请进行审批；审批通过则确定了应返金额，再根据当前实际收入情况，确定本次实返金额；由银行实际退款。

第二节

业 务 用 例

通过对实际调研的分析，以上分析，可得出实际参与业务过程的业务主角有：市发改委、市国土局、市财政局、银行、受让方。核心用例包括收入管理用例及支出管理用例。在收入管理业务中，可能发生退库业务，因此退库业务是可选情况而非必需情况，故收入管理用例可扩展出退库管理用例；在支出管理业务中，可能发生返拨业务；同理，返拨业务也是可选情况而非必需情况，故支出管理用例也可扩展出返拨管理用例。至此，便可建立业务用例视图，如图 3－1 所示。

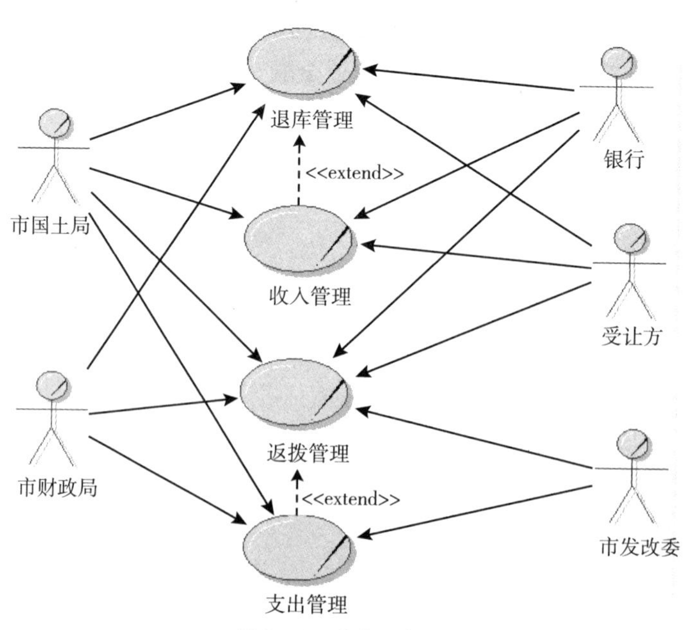

图 3－1　业务用例图

第三节

业务用例场景

业务用例场景用来描述该业务用例在该业务的实际过程中是如何操作的，即说明该业务用例的执行过程，说明业务主角是如何使用业务用例完成业务目标的。绘制业务用例场景可以使用活动图、时序图、协作图等交互图来描述。

根据本项目的实际情况，更侧重于描述参与业务的各个参与者在业务当中所执行的活动，明确各参与者的职责。所以使用活动图来绘制业务用例场景，描述业务的实际具体流程，具体如下：

一、收入管理业务用例场景

收入管理业务用例场景活动图，如图 3 - 2 所示。

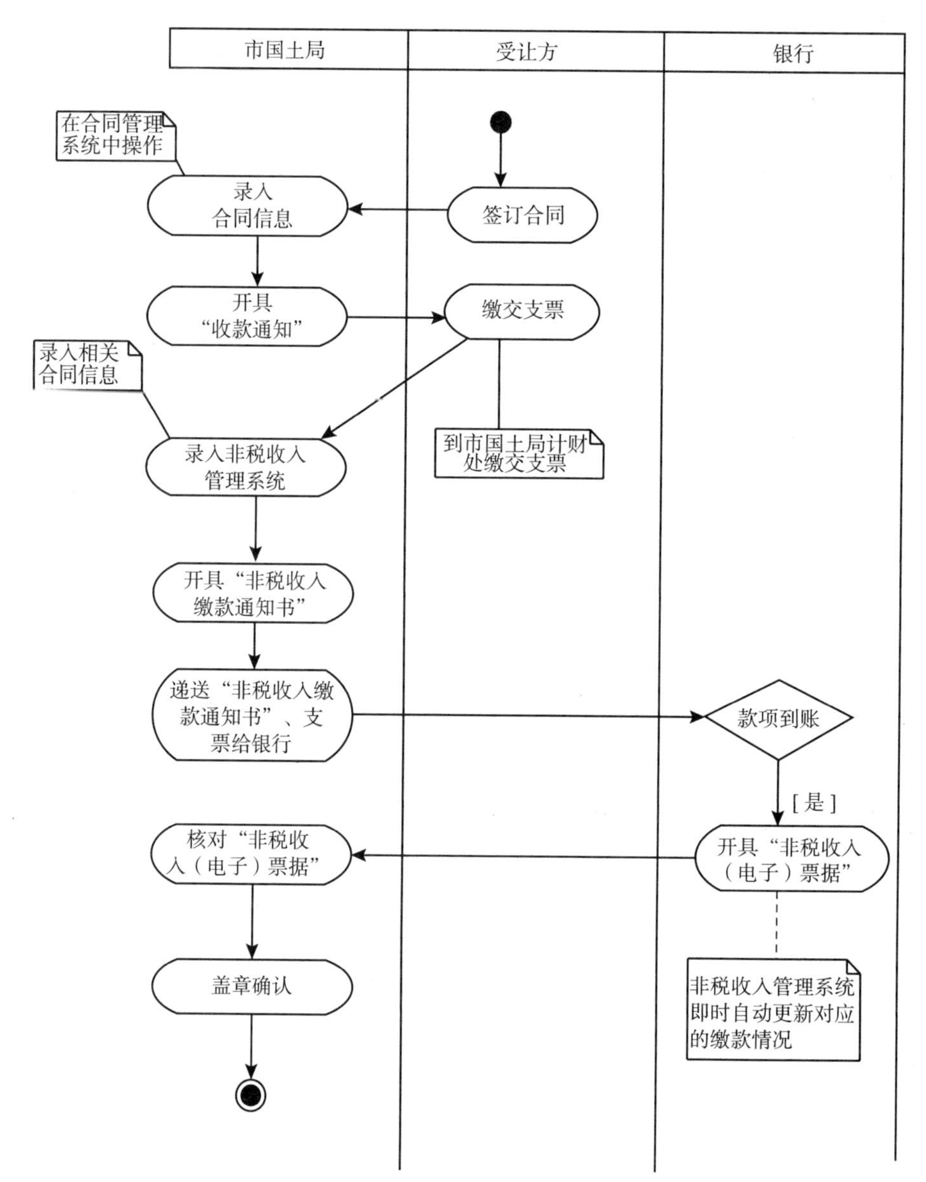

图3-2 收入管理业务用例场景活动图

二、退库管理业务用例场景

退库管理业务用例场景活动图，如图 3 – 3 所示。

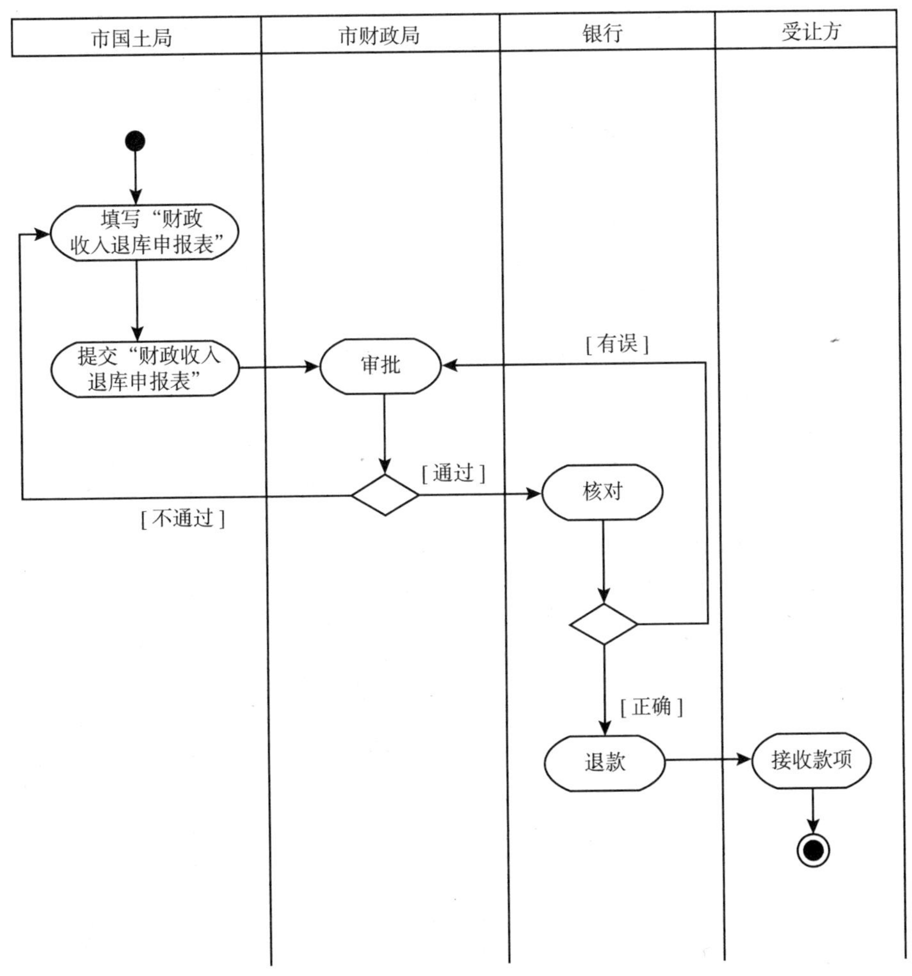

图 3 – 3　退库管理业务用例场景活动图

三、支出管理业务用例场景

支出管理业务用例场景活动图，如图 3 -4 所示。

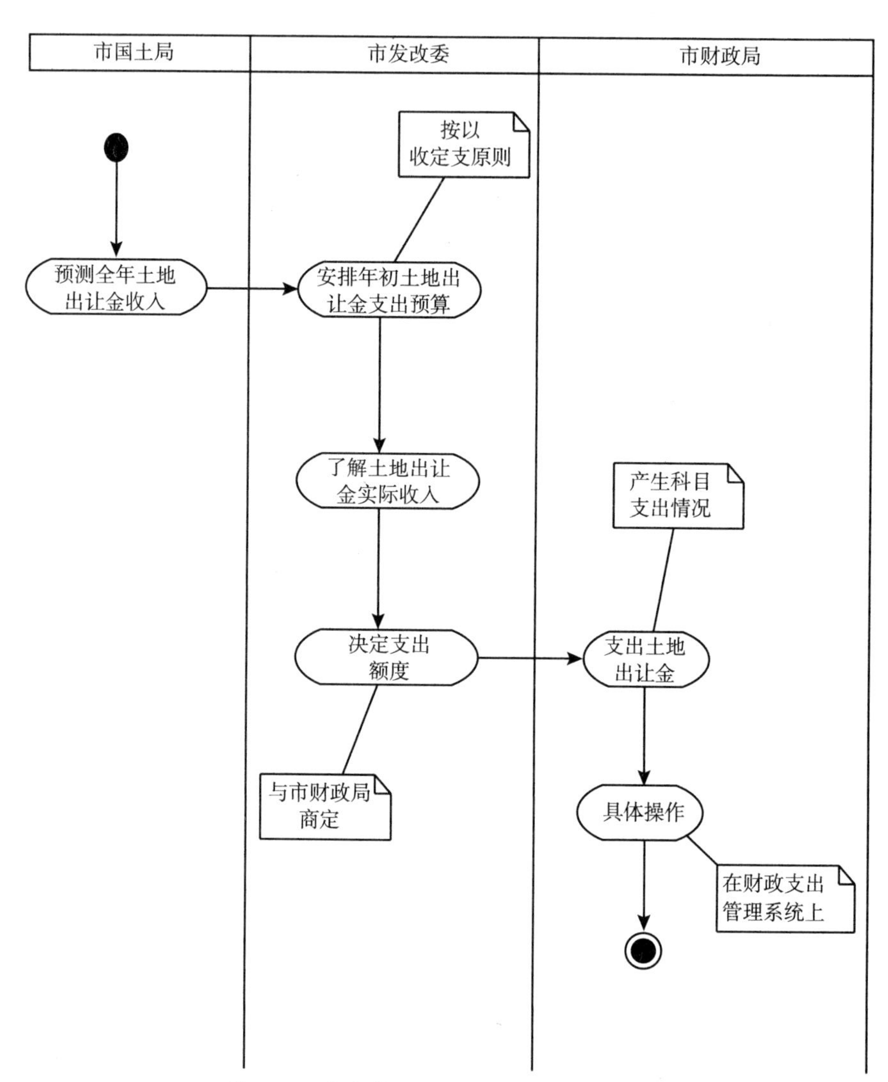

图 3 -4　支出管理业务用例场景活动图

四、返拨管理业务用例场景

返拨管理业务用例场景活动图，如图3－5所示。

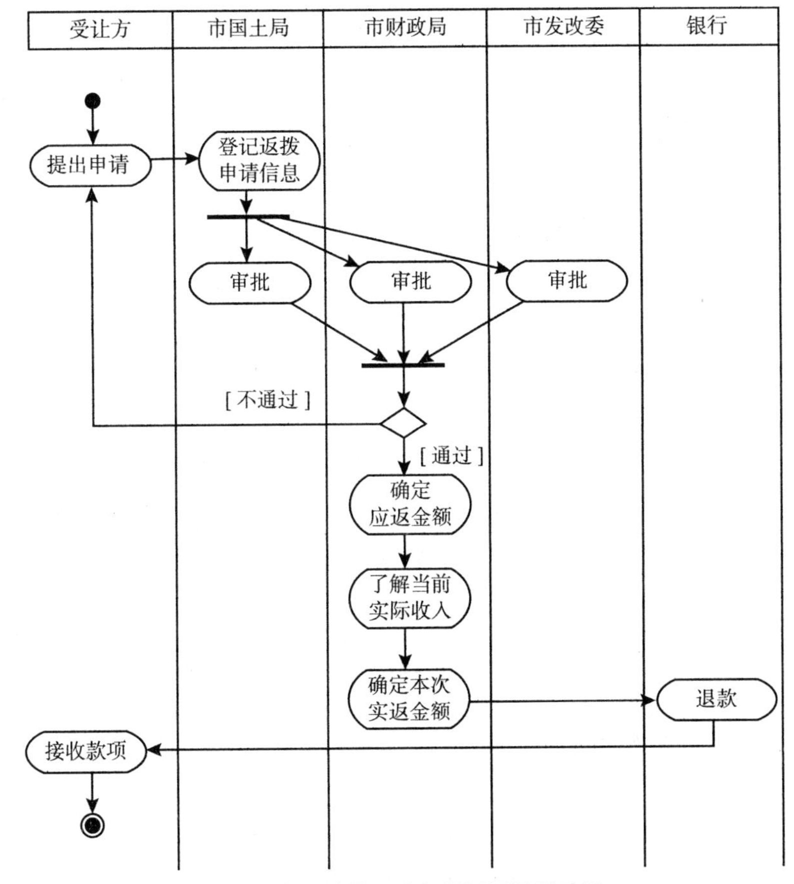

图3－5　返拨管理业务用例场景活动图

第四节

业务用例规约

通过以上对业务用例的描述已经可以得知每个业务的实际执行过程，以及参与者的实际职责，下面再通过业务用例规约对每个业务用例进行描述说明与规范，各业务用例规约如表 3－1 至表 3－4 所示。

表 3－1　收入管理业务用例规约

项目	内容
用例名称	收入管理业务用例
用例标识符	SRGL
用例描述	土地受让方向市国土局上缴土地出让金
参与者	受让方、市国土局、银行
前置条件	无
后置条件	无
基本流程	1. 土地受让方签订土地出让合同 2. 市国土局业务人员将合同信息录入合同管理系统，开具一式四联的“收款通知” 3. 受让方凭“收款通知”到市国土局计财处缴交支票 4. 计财处业务人员将相关信息录入某市非税收入管理系统，开具“非税收入缴款通知书”，并将“非税收入缴款通知书”和支票送递银行 5. 款项到账后，银行通过某市非税收入管理系统开具“非税收入（电子）票据”，非税收入管理系统即时自动更新对应的缴款情况 6. 市国土局计财处核对“非税收入（电子）票据”后，盖章确认，土地出让金收入业务完成【用例结束】

表 3－2　退库管理业务用例规约

项目	内容
用例名称	退库管理业务用例
用例标识符	TKGL
用例描述	对需要退库的土地出让合同进行退库业务办理
参与者	市国土局、市财政局、银行、受让方
前置条件	受让方已缴纳过土地出让金
后置条件	无
基本流程	1. 市国土局发起退库信息，填写、提交“财政收入退库申报表” 2. 由市财政局负责审核、审批 3. 市财政局审核通过后，由银行负责核对后实际退款【用例结束】

表 3－3　支出管理业务用例规约

项目	内容
用例名称	支出管理业务用例
用例标识符	ZCGL
用例描述	对土地出让金进行财政支出
参与者	市财政局、市发改委、市国土局
前置条件	已完成过土地出让金收入业务，有土地出让金收入
后置条件	无
基本流程	1. 年初，市发改委和市财政局根据市国土局对全年土地出让金收入的预测，按以收定支的原则安排土地出让金支出预算 2. 年中，市发改委要根据了解到的土地出让金实际收入决定年初预算中各项目的支出额度 3. 市财政局进行土地出让金实际的财政支出，并在财政支出管理系统上具体操作【用例结束】

表 3－4　返拨管理业务用例规约

项目	内容
用例名称	返拨管理业务用例
用例标识符	FBGL
用例描述	对需要返拨的土地出让合同进行返拨业务办理
参与者	受让方、市国土局、市发改委、市财政局、银行
前置条件	受让方已缴纳过土地出让金
后置条件	无
基本流程	1. 申请返拨的机构单位，首先向市国土局提出返拨申请，并登记申请返拨金额 2. 随后，市国土局、市发改委、市财政局三个部门一起根据申请返拨的机构单位的申请情况、合同信息、返拨金额等信息，对此返拨申请进行审批 3. 审批通过则确定应返金额，再根据当前实际收入情况，确定本次实返金额，由银行实际退款【用例结束】

第四章

需求分析

需求分析在统一过程的初始阶段开始，在精化阶段细化。实际上，需求分析这个需求过程也就是系统建模阶段，主要使用系统用例模型进行建模。需求分析在业务建模的基础上，决定该把哪些业务纳入系统的开发范围内，同时规定了在新系统中如何实现这些业务。因此，可以将需求分析建立的系统模型理解为业务模型到新系统的映射。

业务建模的目的是理解、描述实际业务；而需求分析已经转向理解、描述新系统。因此，可以说业务建模描述业务需求是什么；而需求分析，即系统建模描述新系统如何满足这些需求。系统建模，是描述在引入新系统后，原先的业务如何通过该系统得以实现或优化的过程。

第一节 • • •

分析问题

一、数据交换

通过对现状业务的分析，以及对当前存在问题的理解，根据用户的实际需求，从用户的业务目标出发，不难得出，某市土地出让金收支管理系统的一大难点是三部门之间网络的不同，导致信息共享、数据传送的困难。

借鉴以往某市政府单位在处理此类信息化问题的解决方案。在实际调研中，我们了解到，目前市政府机关单位之间的信息共享是借助市电子政务数据中心作为数据交换平台进行实现的。结合实际情况进行分析，本系统确实也适合借助市电子政务数据中心作为数据交换平台，以此作为解决三部门网络不同、信息共享难题的方案。

二、某市电子政务数据中心

市电子政务数据中心（以下简称“数据中心”）是为本市政府部门提供政务信息共享服务的公共数据平台。数据中心各成员单位可通过数据中心管理系统，依职能共享政务信息，并获取数据中心提供的相关服务。

各市级政府部门可申请注册登记为数据中心成员单位。成员单位可向其他成员单位申请信息内容的授权及使用。相关申请业务办结后，由某市机关信息网络中心统筹数据提供单位、使用单位，启动共享交换实施工作。市机关信息网络中心统筹数据提供单位和使用单位进行联调，联调通过后开始日常交换。

市机关信息网络中心通过数据中心成员单位已配置好的前置机进行数据实施，根据数据资源的性质（文件、Web 服务或数据资源），通过系统简单文件共享或交换到前置机，或者在前置机开发 Web 服务代理，从而对成员单位间进行联调，实现数据传输共享、日常交换。

目前，市国土局、市发改委、市财政局都已成为数据中心成员单位，具备各自的前置机，并已跟其他成员单位有相关数据信息的共享。

三、数据交换基本原理

市国土局、市财政局将已经商定好的数据，定期发送到对应的前置机上，随后由数据中心负责将数据传送到市发改委的前置机上，因此本系统可以定期接收来自两局的数据。发送数据与接收数据同理。具体流程见图 4－1。

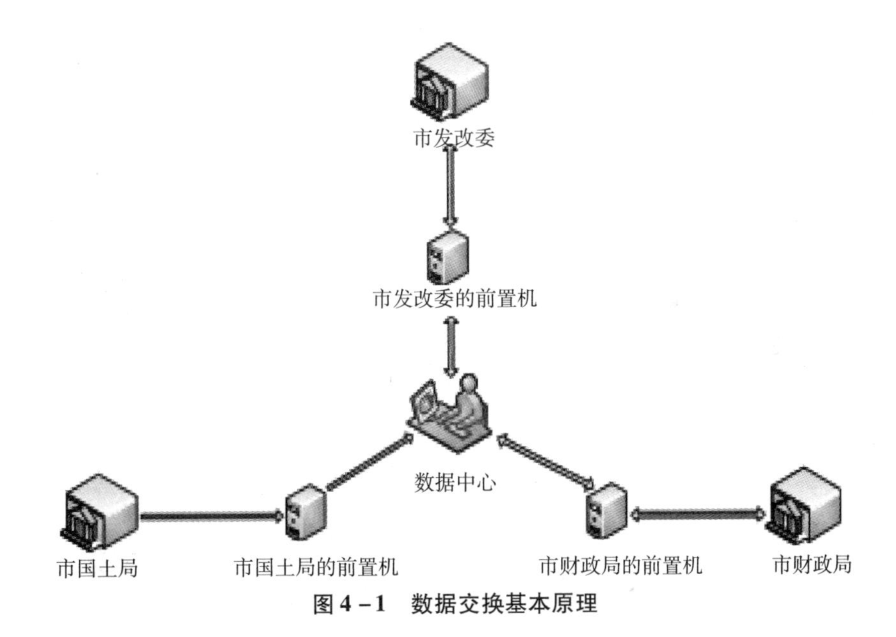

图 4－1 数据交换基本原理

四、数据关联

根据用户的需求，以及当前存在的问题，可知本系统必须解决市国土局合同管理系统、市财政局财政支出管理系统和非税收入管理系统中土地出让金相应数据的匹配问题。

实际调研中，市国土局、市财政局、市发改委已经根据三个部门的共同需求商定在借助数据中心为数据交换平台进行数据交换的同时，对数据进行规范，以满足本系统将土地出让金相应数据匹配起来的需求。

五、业务补充

实际调查发现，现状业务存在缺少对退库业务、返拨业务的管理的问题，这样会造成对土地出让金收支管理的不完善、不精确等问题，甚至影响其他业务的管理。因此，市国土局、市财政局、市发改委三个部门决定在本系统上增加对退库、返拨业务管理的功能。

第二节 • • •

系统目标

根据对现状业务当前存在问题的分析，对用户业务目标进行细化、具体化，最终得出本系统的开发目标。

市发改委、市财政局和市国土局根据实际业务需要，确定开发以数据中心平台为依托的土地出让金收支管理系统，以实现土地出让金收支信息共享和精细化管理。系统使用 B/S 模式，处于电子政务外网，服务器、数据库在市发改委端，通过浏览器可供三个部门共同使用，进行相应的业务操作，满足三个部门共用及信息共享的需求。

一、土地出让金收入管理业务

1. 系统接收来自市国土局的土地出让合同管理系统中的相关信息及来自市财政局非税收入管理系统中关于土地出让金收入的相关信息，并将双方信息关联，以查询土地出让金的收入情况，同时处理退库业务，从而修正土地出让金收入，以供查询。

2. 系统可预测未来若干时间内已签合同将产生的土地出让金收入。

二、土地出让金支出管理业务

1. 系统可供市发改委用户安排年初预算，接收来自市财政局的土地出让金的支出信息数据，市发改委用户根据实际支出执行情况，按季度调整支出额度。

2. 处理返拨业务，记录返拨流程。

第三节

系统范围和边界

根据以上对用户需求的分析，土地出让金收支管理系统的系统边界，为土地出让金收支管理边界。根据系统目标，系统管理的内容都是为市发改委、市国土局、市财政局用户服务的，因此这三个部门处于系统外部，即系统边界外。而处理退库业务、修正土地出让金收入、预测土地出让金收入、安排年初预算、查看支出信息、调整支出额度、处理返拨业务这些管理内容就属于该系统管理范围内。其他与这些管理内容无关的均属系统范围外。按照这个分析，可得出图 4－2 所示的系统边界图。

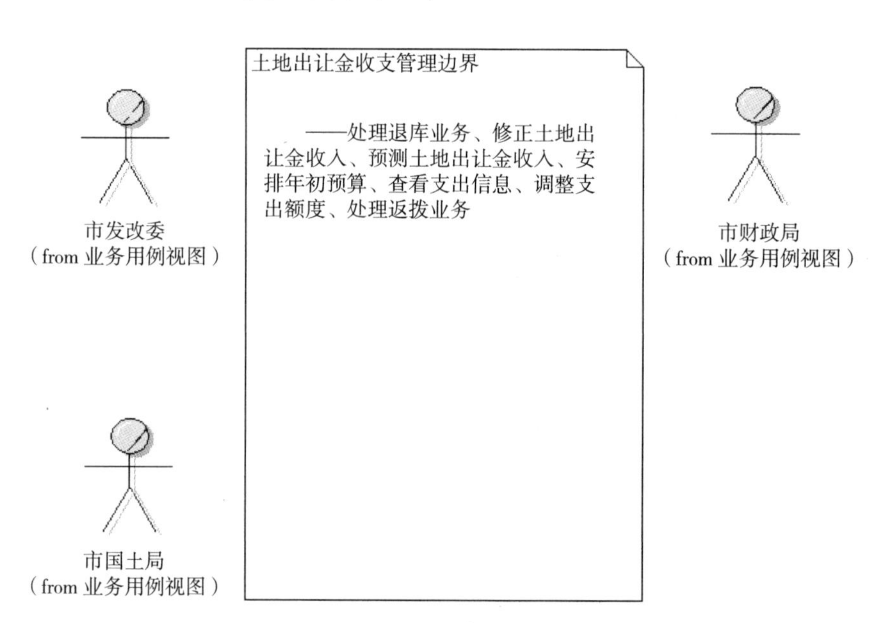

图 4－2　系统边界图

第四节 • • •

参 与 者

通过对土地出让金收支管理系统需求分析得到：系统外真正需要参与到系统的参与者有三个，分别是市发改委、市国土局、市财政局。数据中心只是在数据交换时起到桥梁的作用，对本系统没有实际需求，没有使用到该系统，故不是参与者。

一、市发改委用户

使用系统进行收入修正、收入预测的查询；管理支出报表；查看退库、返拨业务信息。

二、市国土局用户

使用系统进行收入修正、收入预测的查询；处理退库、返拨业务；查看支出报表信息。

三、市财政局用户

使用系统进行收入修正、收入预测的查询；管理支出报表；处理退库、返拨业务。

第五节

系统用例

系统用例即通常所说的用例，本案例通过调研实际情况，分析业务，建立业务模型，在充分准确了解用户业务需求的基础上，从业务范围中逐步将相关的业务纳入系统范围，通过映射、抽象、拆分、合并等方法，逐步提取出系统用例，进行系统建模，从而得到系统需求。对于一些复杂业务，从业务用例到系统用例之间，则可以通过绘制概念用例图来建立粗略的业务架构作为过渡，概念用例在实际情况中，由于只是反映了最终得出系统用例的思考过程，所以经常没有被使用。故本案例忽略了概念用例。

通过综合分析最终得出，在土地出让金收支管理系统最高层用例图中，系统边界内共有 4 个用例，系统边界外共有 3 个参与者。系统内 4 个用例为：收入查询用例——是用户查询收入修正、收入预测情况的用例；退库管理用例——用户用以处理退库业务；支出报表管理用例——用户安排年初预算、查看支出信息、控制支出额度；返拨管理用例——用户用以处理返拨业务。系统用例如图 4－3 所示。

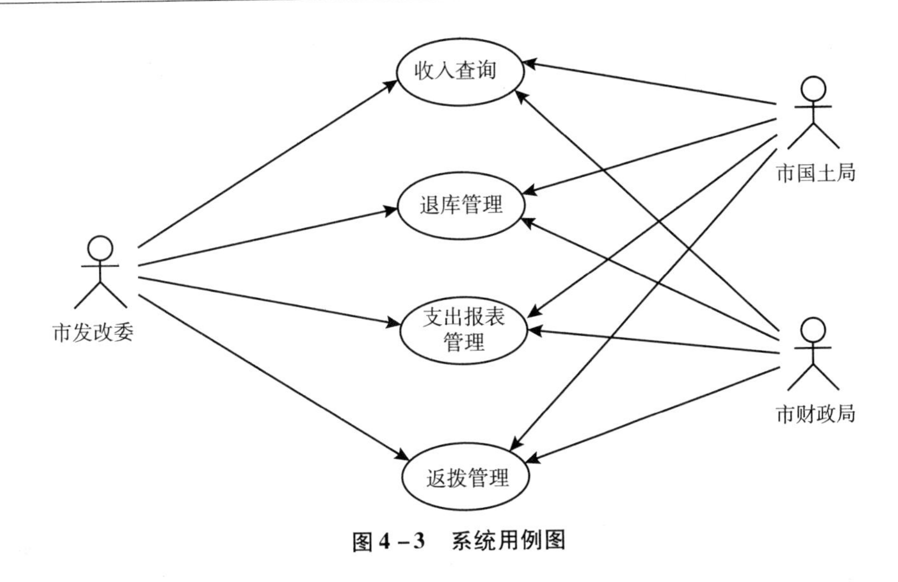

图 4－3 系统用例图

下面对系统用例图的每个用例考虑它的细化工作，并为每个细化后的用例添加描述，即给出用例规约。

一、收入查询

收入查询用例细化，如图 4－4 所示。

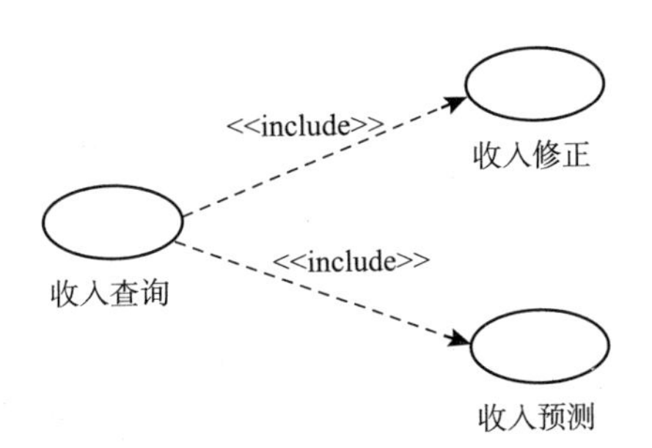

图 4－4 收入查询用例细化

表 4－1 至表 4－3 是对图 4－4 用例的描述。

表 4－1　　收入查询用例规约

项目	内容
用例名称	收入查询用例
用例标识符	SR01
用例描述	此用例可供市发改委、市国土局、市财政局三个部门用户查询土地出让金收入的相关情况

续表

项目	内容
参与者	市发改委、市国土局、市财政局
前置条件	无
后置条件	无
基本流程	1. 当用户需要查询年初到当前土地出让金的实际收入情况时，进入『收入修正』子用例（SR011） 2. 当用户选择预测当前到未来某时间的土地出让金收入时，进入『收入预测』子用例（SR012）
被包含的用例	收入修正子用例（SR011） 收入预测子用例（SR012）

表 4－2　　收入修正用例规约

项目	内容
用例名称	收入修正用例
用例标识符	SR011
用例描述	当用户查询实际收入时，本用例对土地出让金收入进行修正，并显示查询结果
参与者	市发改委、市国土局、市财政局
前置条件	无
后置条件	无
基本流程	用户登录系统，选择收入查询，查询土地出让金的实际收入情况；系统根据查询的当前时间，自动将数据库中的相关数据进行汇总计算，得出年初到当前的实际收入情况，从而生成收入修正表

表 4－3　　收入预测用例规约

项目	内容
用例名称	收入预测用例
用例标识符	SR012
用例描述	此用例供用户查询、预测当前到未来某时间内的土地出让金的收入情况
参与者	市发改委、市国土局、市财政局
前置条件	无
后置条件	无
基本流程	用户登录系统，选择收入查询，查询预测当前到未来某时间内的收入情况，确定所要预测的未来时间；系统根据当前时间，以及用户确定的预测时间，自动将数据库中的相关数据进行汇总计算，得出预测的收入情况，从而生成收入预测表

二、退库管理

退库管理用例细化，如图 4 -5 所示。

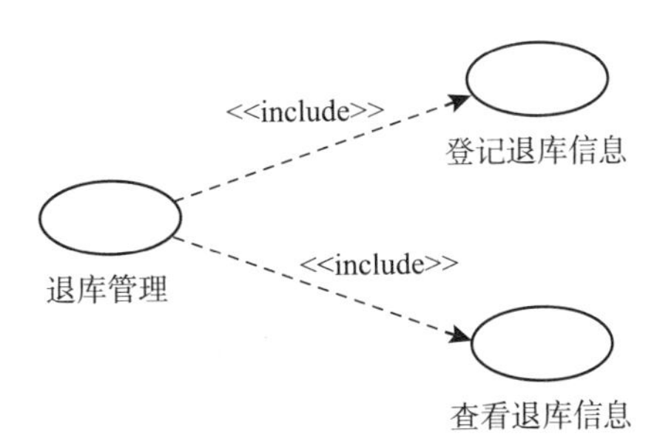

图 4 -5　退库管理用例细化

表 4 -4 至表 4 -6 是对图 4 -5 用例的描述。

表 4 -4　退库管理用例规约

项目	内容
用例名称	退库管理用例
用例标识符	TK01
用例描述	当某个合同办理退库或用户需要查看退库信息时，此用例开始执行。它处理有关合同退库的问题，完成对退库信息的记录、查看后，此用例结束
参与者	市财政局、市国土局、市发改委
前置条件	无
后置条件	无
基本流程	1. 当某个合同办理退库完成后，市财政局选择记录退款情况，进入『登记退库信息』子用例（TK011） 2. 用户需要查看退库信息时，进入『查看退库信息』子用例（TK012）
被包含的用例	登记退库信息子用例（TK011） 查看退库信息子用例（TK012）

表 4 -5　登记退库信息用例规约

项目	内容
用例名称	登记退库信息用例
用例标识符	TK011
用例描述	当退库完成后，此用例开始。市财政局用以登记本次退库的相关信息

续表

项目	内容
参与者	市国土局、市财政局
前置条件	无
后置条件	无
基本流程	市国土局进行退库申请，登记退库信息；市财政局审批通过后，由银行核对退款，一切无误退款后，市财政局在财政支出管理系统中登记本次退库完成信息，并通过前置机反馈到新系统中

表 4－6　　查看退库信息用例规约

项目	内容
用例名称	查看退库信息用例
用例标识符	TK012
用例描述	当用户需要查看退库信息时，此用例开始。它可供用户查看已经在系统中登记过的退库信息
参与者	市财政局、市国土局、市发改委
前置条件	退库完成，且信息已登记在系统中
后置条件	无
基本流程	用户登录系统，确定所要查看退库信息的合同号，或选择查看系统已有的全部退库信息，系统根据条件显示相关信息

三、支出报表管理

支出报表管理用例细化，如图 4－6 所示。

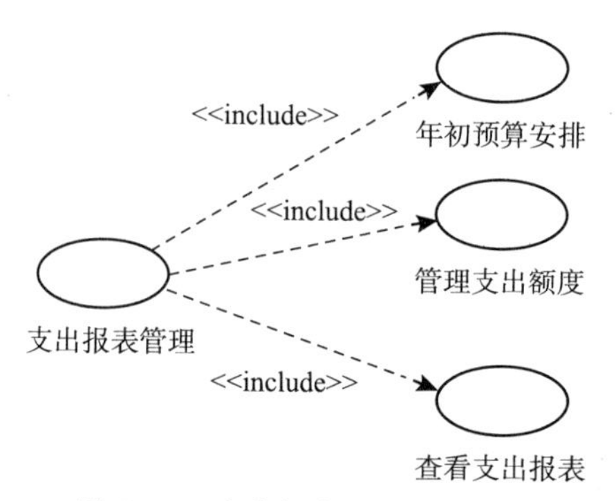

图 4－6　支出报表管理用例细化

表4－7至表4－10是对图4－6用例的描述。

表4－7　支出报表管理用例规约

项目	内容
用例名称	支出报表管理用例
用例标识符	ZC01
用例描述	本用例用于对土地出让金支出项目的支出进行管理，包括对项目进行年初预算安排、管理支出额度，从而生成支出报表，以供查看
参与者	市国土局、市发改委、市财政局
前置条件	无
后置条件	无
基本流程	1. 市发改委用户登录系统，进入『年初预算安排』子用例（ZC011），根据年初安排的项目，进行年初预算安排 2. 市发改委用户登录系统，进入『管理支出额度』子用例（ZC012），查看项目支出执行情况，从而进行支出额度管理 3. 三个部门用户都可以登录系统，进入『查看支出报表』子用例（ZC013），查看年初到当前的支出报表
被包含的用例	年初预算安排子用例（ZC011） 管理支出额度子用例（ZC012） 查看支出报表子用例（ZC013）

表4－8　年初预算安排用例规约

项目	内容
用例名称	年初预算安排用例
用例标识符	ZC011
用例描述	每年确定支出项目后，根据情况确定年初预算安排，开始执行此用例。记录每年年初相应项目的预算安排
参与者	市发改委
前置条件	无
后置条件	无
基本流程	确定支出项目后，根据情况确定年初预算安排，登录系统，开始此用例，记录相应项目的年初预算安排，完成预算安排业务操作

表4－9　管理支出额度用例规约

项目	内容
用例名称	管理支出额度用例
用例标识符	ZC012

续表

项目	内容
用例描述	本用例是根据年初预算安排，以及年初到当前的支出执行情况，对应项目对支出额度进行管理。用以记录年初到当前确定的支出额度
参与者	市发改委
前置条件	无
后置条件	无
基本流程	市发改委用户登录系统，选择管理支出额度，可看到年初到当前对应项目的支出执行情况，根据此信息，与市财政局商定后，对支出额度进行调整，录入已确定的支出额度，从而生成支出报表

表 4－10　查看支出报表用例规约

项目	内容
用例名称	查看支出报表用例
用例标识符	ZC013
用例描述	当三个部门用户需要查看支出报表时，此用例开始。用于查询年初到当前的支出报表
参与者	市发改委、市财政局、市国土局
前置条件	已有相关数据
后置条件	无
基本流程	用户登录系统，选择查看支出报表，系统根据当前时间，自动将数据库中的相关数据进行汇总计算，得出对应项目年初到当前的支出执行情况，并显示对应项目当前已确定的支出额度

四、返拨管理

返拨管理用例细化，如图 4－7 所示。

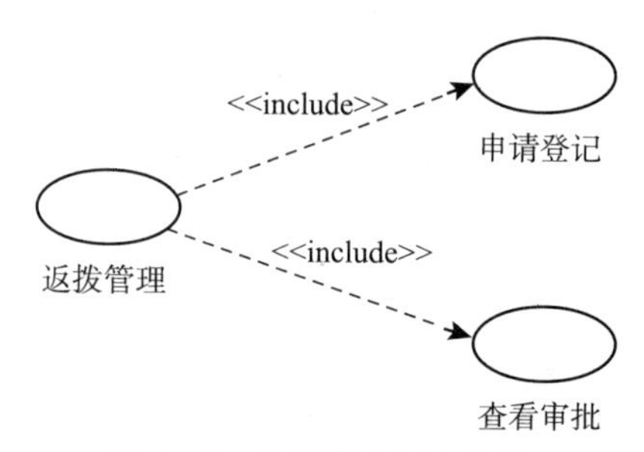

图 4－7　返拨管理用例细化

表 4－11 至表 4－13 是对图 4－7 用例的描述。

表 4－11 **返拨管理用例规约**

项目	内容
用例名称	返拨管理用例
用例标识符	FB01
用例描述	此用例用于对返拨业务进行管理，记录相关的返拨信息，如返拨金额、时间，监控返拨流程
参与者	市财政局、市国土局、市发改委
前置条件	无
后置条件	无
基本流程	1. 当有关机构申请返拨时，由国土局用户登录系统，登记申请信息，从而进入『申请登记』子用例（FB011） 2. 申请信息登记完成后，由三个部门共同对其进行审批，进入『查看审批』子用例（FB012）
被包含的用例	申请登记子用例（FB011） 查看审批子用例（FB012）

表 4－12 **申请登记用例规约**

项目	内容
用例名称	申请登记用例
用例标识符	FB011
用例描述	此用例用于登记申请返拨的相关信息，如返拨金额、时间等。同时起到监控返拨流程的作用
参与者	市国土局
前置条件	有关机构已向市国土局用户提出返拨申请
后置条件	无
基本流程	有关机构申请返拨后，由市国土局用户登录系统，将申请返拨信息登记在系统中，并保存

表 4－13 **查看审批用例规约**

项目	内容
用例名称	查看审批用例
用例标识符	FB012
用例描述	系统的三个部门用户共同使用本用例，对返拨申请进行审批，并记录相关信息，监控返拨流程
参与者	市财政局、市国土局、市发改委
前置条件	系统已有返拨申请信息登记
后置条件	无
基本流程	市财政局、市国土局、市发改委三个部门用户登录系统，查看已申请返拨的相关信息，共同对其进行审批。并由市财政局用户进行以下操作：如通过，则记录通过信息；否则，删除原有的返拨申请信息

第六节

系统用例场景

系统用例场景与业务用例场景一样，都是描述用例的执行过程；不同的是，业务用例场景单单描述现实业务，而系统用例场景则是描述现实业务在结合新系统后如何执行的过程，系统的参与者如何使用这些系统用例来完成业务目标。绘制系统用例场景同样可以使用活动图、时序图、协作图等交互图来描述。

本项目为了更好地描述系统参与者使用系统用例的执行过程，并明确各参与者的职责，则使用活动图来绘制系统用例场景，描述系统用例实现的执行过程。

通过以上对系统用例的分析、给出用例规约，已经可以基本了解到系统用例的执行过程，下面我们先使用文字描述，再绘制活动图，从而完整地展示系统用例场景，具体如下：

（说明：系统用例中，有些功能有多种实现方式。例如，查询功能，三个部门都可使用，由于查询过程一样，此处只以市发改委为代表展示查询的过程。）

一、收入查询用例场景

1. 新系统首次使用前，市发改委向市国土局提供土地出让金收入来源类别；此后，市国土局根据来源类别对每条合同信息进行对应分类，并导出相关合同信息，按一定时间频度发送至前置机。

2. 新系统根据一定的时间频度自动从市发改委的前置机读取相应数据，导入数据库。

3. 市发改委、市国土局、市财政局三个部门用户均可登录系统，使用收入查询用例。如选择查询修正后的收入，系统即可根据当前时间，自动汇总计算出对应每个出让金来源类别的年初到当前的实际收入，即土地出让金非税收入减去相应退库金额后的实际收入总数，从而生成收入修正表。

4. 如选择查询收入预测，即可选择或输入将要预测到的未来某时间。

5. 新系统根据此条件，自动调用数据库中已从前置机读取的相关数据进行运算，预测当前到用户所输入的未来某时间内已签合同将产生的土地出让金收入，从而生成收入预测表。

收入查询用例场景，如图 4 -8 所示。

（说明：由于存在合同没有准时缴款、烂尾地出让等法院执行地块等情况，合同约定的出让金交款时间和实际出让金入账时间往往存在一定的差异，因此，此处收入的预测值仅供参考。）

二、退库管理用例场景

1. 市国土局向市财政局提交退库申请表，并登录新系统登记退库申请信息（退库金额等）；新系统每天将相关信息通过前置机传送给财政支出管理系统，市财政局在财政支出管理系统完成审核后，向银行下达支付指令，再由银行核对并实际退款。

2. 银行退款后，银行向财政支出管理系统反馈支付结果；市财政局相关部门确认无误后，财政支出管理系统每天通过前置机将退库结果相关信息反馈给新系统。

3. 如退库异常，因收款账户信息错误等原因，造成银行退票的，市财政局通知市国土局在新系统中修改退库信息，随后操作同上面两个步骤。

4. 市国土局、市发改委可通过本系统查看退库业务的完成情况及信息。

退库管理用例场景活动图，如图 4 -9 所示。

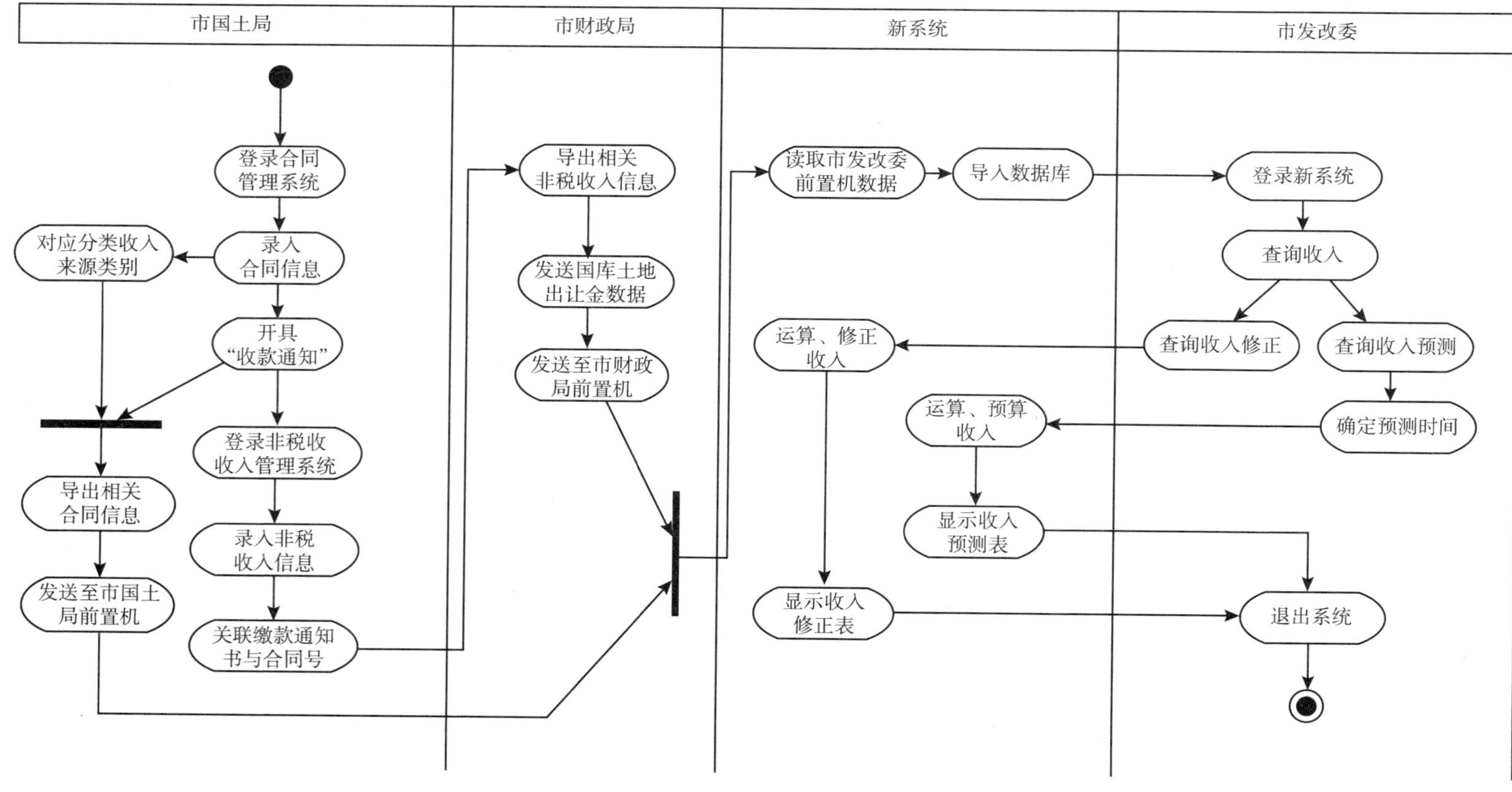

图4-8 收入查询用例场景活动图

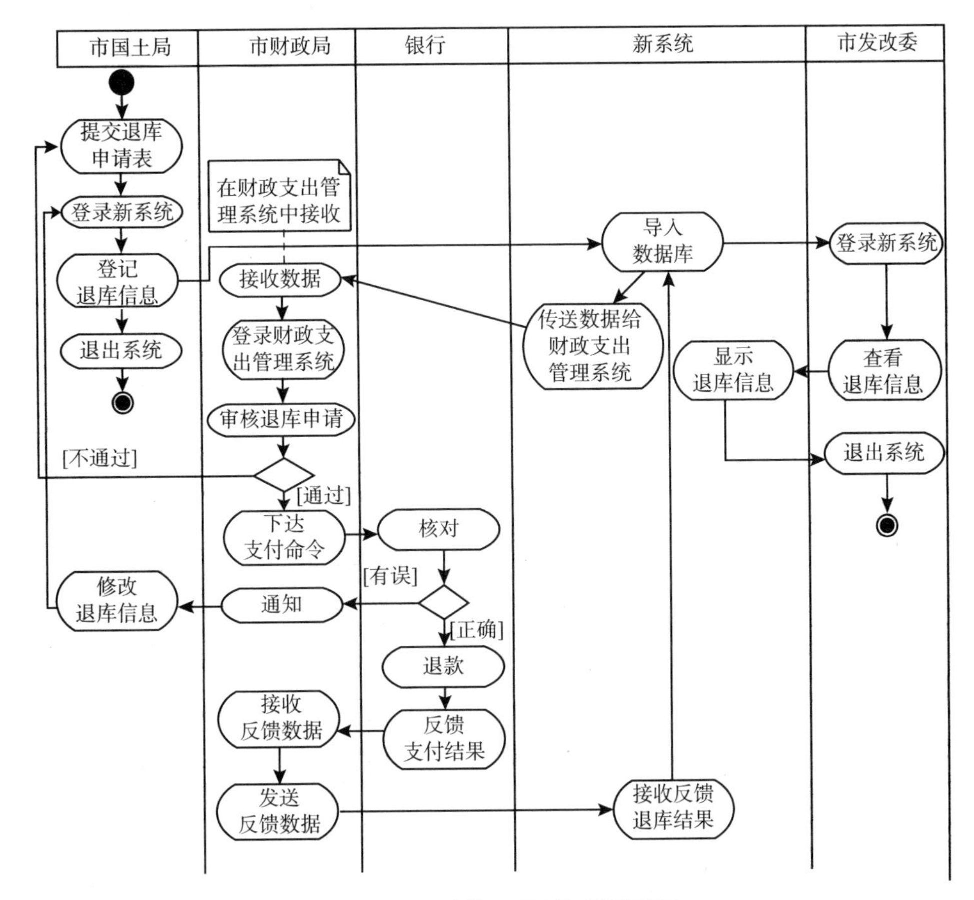

图 4-9　退库管理用例场景活动图

三、支出报表管理用例场景

1. 每年年初市发改委向市财政局提供项目库；随后，市财政局相关工作人员每月根据项目名称，将支出科目信息（包括了各支出科目年初到当前的支出执行情况）进行对应分类，并登录新系统以 Excel 文件的形式上传分类所得数据。

2. 市发改委用户登录新系统，对应项目名称录入年初预算安排；进行支出额度管理：新系统根据用户操作的当前时间，自动汇总计算出对应每个项目年初到当前的支出执行情况；根据此支出执行情况，与市财政局商定后，按季度调整支出额度，并由市发改委用户在新系统中录入已确定的支出额度；并将此支出额度信息传送到前置机反馈给财政支出管理系统（此数据与当天传送的其他数据一起发送），由此发起支出信息，由市财政局执行具体支出，并由市财政局以上传分类好的支出科目信息的方式将支出执行情况反馈到新系统，以此循环。从而完成支出报表管理业务，生成支出报表。

支出报表管理用例场景活动图，如图 4-10 所示。

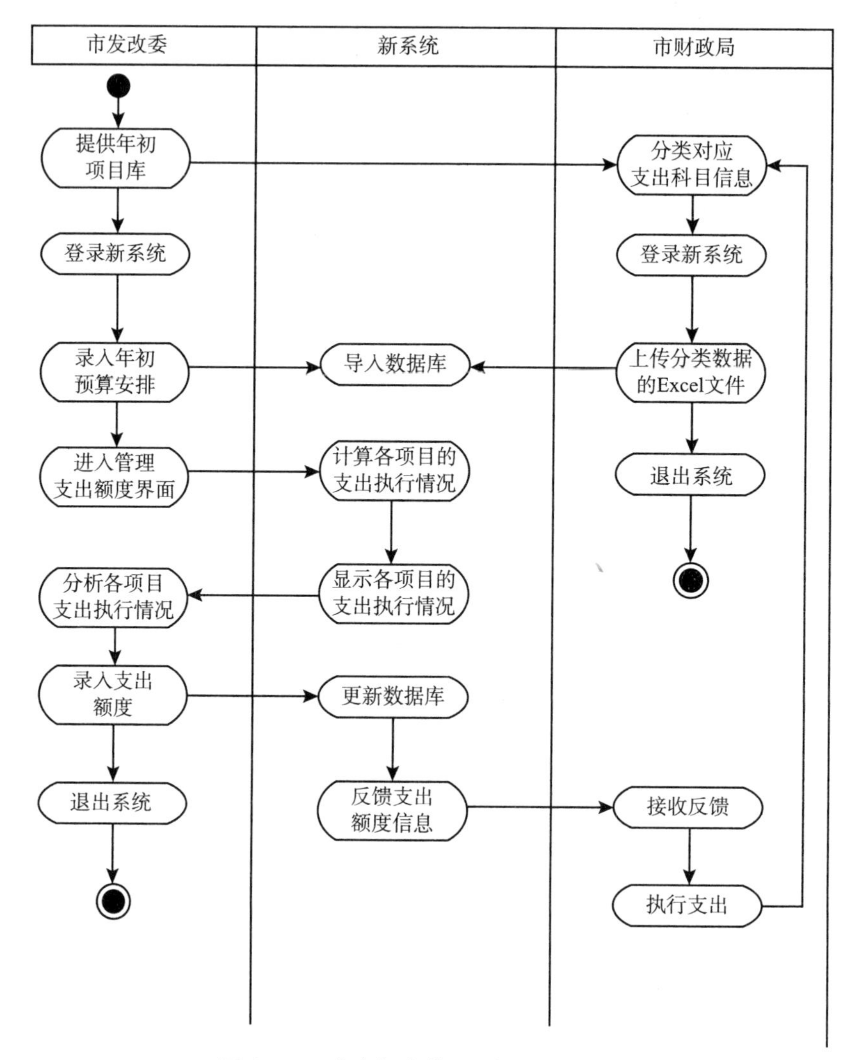

图4-10 支出报表管理用例场景活动图

四、返拨管理用例场景

1. 申请返拨的机构单位，首先向市国土局提出返拨申请，并登录新系统登记申请返拨金额。

2. 市财政局用户通过登录新系统，查看申请返拨的合同信息以及返拨金额，对其进行审批：如审批通过，则由市财政局用户在新系统中登记审批通过信息，同时新系统每天将返拨通过结果信息传送到前置机上，反馈给财政支出管理系统；如审批不通过，则不进行此操作，并将原先的申请信息（返拨金额）删掉。

返拨管理用例场景活动图，如图4-11所示。

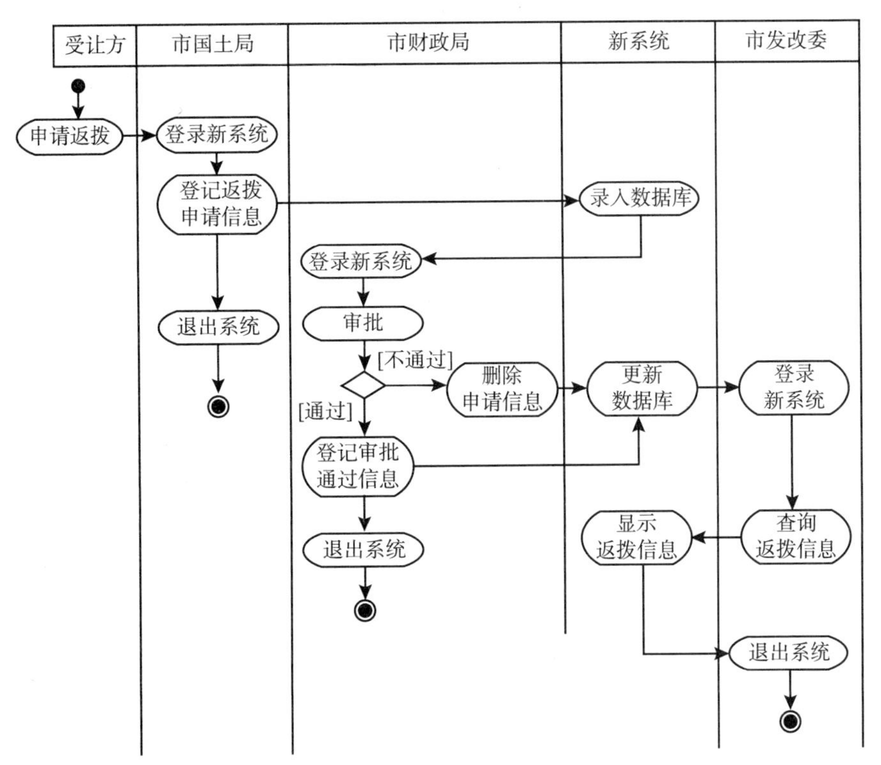

图 4－11　返拨管理用例场景活动图

第五章

系统分析

统一过程把分析与设计合并为一个核心工作流，即当成一个阶段来看。其实，分析设计阶段，也就是我们通常所说的概要设计与详细设计。本项目将系统分析与设计分开为两个阶段，旨在表示系统分析阶段与设计阶段的不同，分析阶段是通过分析类，建立分析模型，描述系统如何使用对象来实现系统需求。同时，分析阶段未涉及实现语言与方式，抽象层次较高。因此，用分析阶段作为需求到设计的过渡，来保持新系统与需求一致。

系统分析，即在系统需求分析的基础上，确定软件架构和框架，并在软件架构和框架的约束下，通过分析对象类，建立分析模型，描述系统如何使用对象来实现系统需求。

第一节

软件架构和框架

一、软件架构

软件架构是对软件结构组成的规划和职责设定。是一种思想、一个系统的蓝图，是一个逻辑性的框架描述，可能并无真正的可执行部分。

本系统选择 J2EE 架构。因为 J2EE 规范描述了一系列逻辑部件，描述了部件的职责与其规范，约定这些部件间交互的接口及协议、标准，为搭建具有可伸缩性、灵活性、易维护性的软件系统提供了良好的机制。

在 J2EE 的架构下，再根据 MVC 模式对系统进行构建。MVC 是一种思想，体现了 J2EE 分层设计的设计思想。MVC 模式主要将软件系统分为模型（model）、视图（view）和控制（controller）三个逻辑部件，实现 Web 系统的职能分工，从而达到“高内聚、低耦合”的目的。

本系统按照 MVC 模式大致分成三层：表现层—业务逻辑层—数据访问层。

表现层即 Web 层，包括有控制器、表现技术；控制器可以访问业务层的逻辑，而需要使用数据库资源就由数据访问层（处理层）提供服务，而 Web 层不会直接访问数据库。

二、软件框架

软件框架通常针对一个软件架构当中某一个特定的问题提供解决方案和辅助工具，是软件架构的一种实现，是可用的半成品，可以执行的。Struts2、JSF 等开源项目分别以其特有的方式去实现软件架构，即软件框架。

第二节

分析对象

按照面向对象的分析思路，需要将上述需求分析得出的系统用例或功能抽象成一个个的对象，通过对象之间的交互来描述具体需求的实现。因此，我们从分析系统的对象开始，进入系统分析阶段。

在 UML 的分析模型中，MVC 模式使用边界对象、控制对象、实体对象这三者来建立用例场景的对象模型。因此，回顾以上分析，仔细分析系统用例场景中的活动，以此发现和定义各个用例的对象，并得知对象间如何交互来实现用例。

本项目使用时序图来描述用例的对象交互。其中，由于查询功能模块是三个用户都可以进行，而且交互过程相同，故以市发改委为代表展示其过程的交互。

在分析中容易看出每个系统用例的实现都要求用户已经登录了系统，因此，为了让过程更加明了，先将登录功能模块单独出来，以市发改委用户为代表，图 5－1 描述登录模块的对象交互。

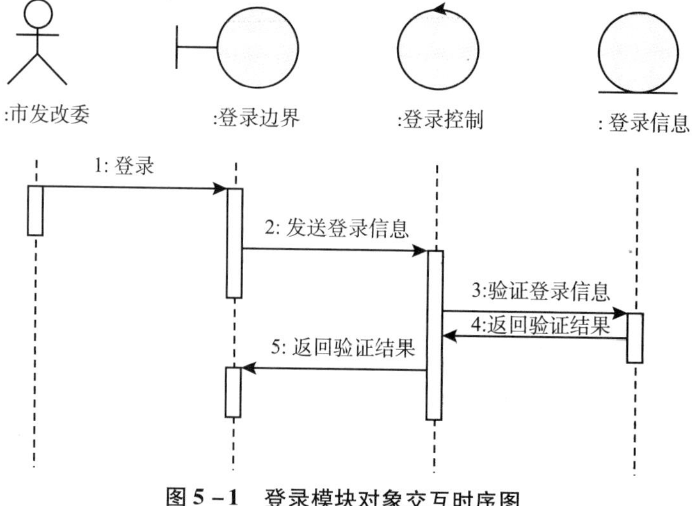

图 5－1　登录模块对象交互时序图

一、收入查询用例对象交互

1. 收入修正用例对象交互，如图 5－2 所示。

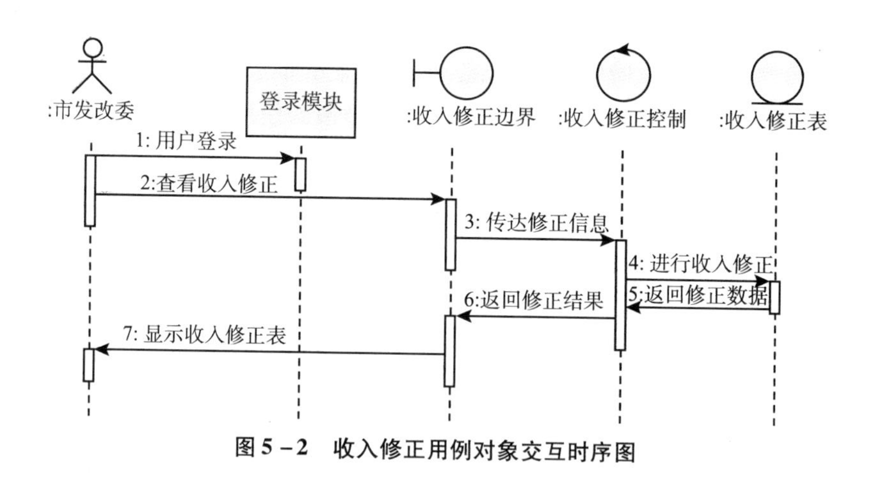

图 5－2　收入修正用例对象交互时序图

2. 收入预测用例对象交互，如图 5－3 所示。

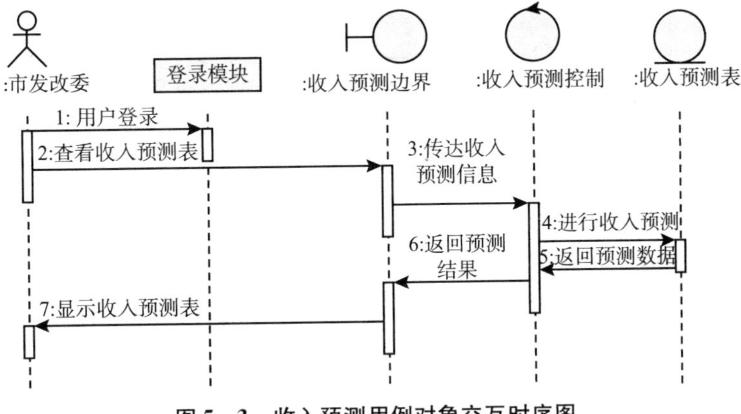

图 5－3　收入预测用例对象交互时序图

二、退库管理用例对象交互

1. 登记退库信息用例对象交互，如图 5－4 所示。

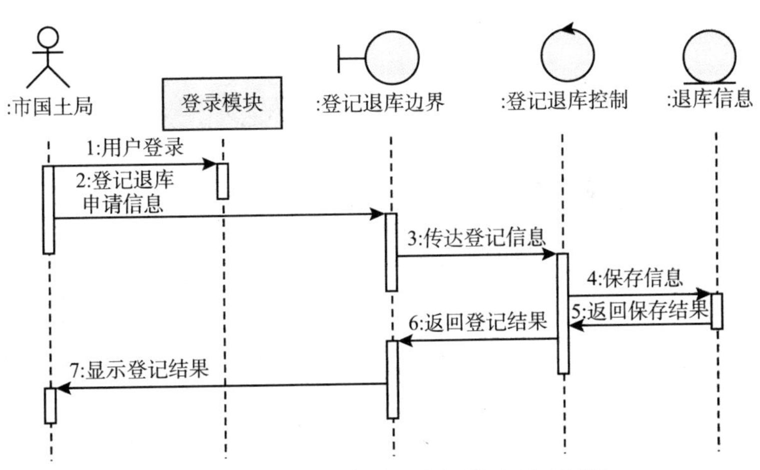

图 5－4　登记退库信息用例对象交互时序图

2. 查询退库信息用例对象交互，如图 5－5 所示。

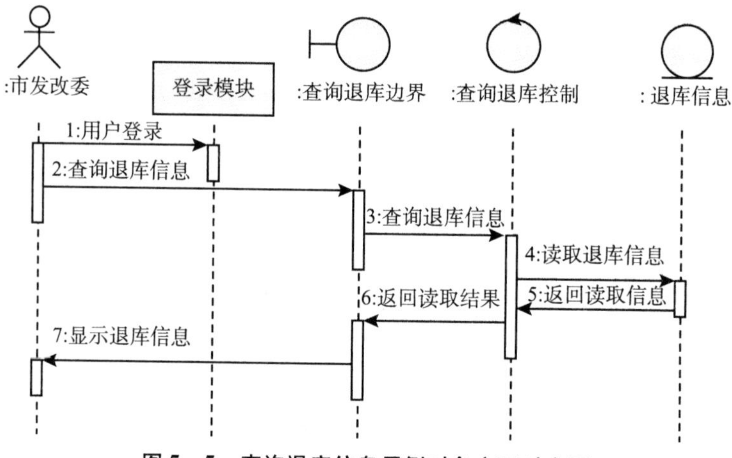

图 5－5　查询退库信息用例对象交互时序图

三、支出报表管理用例对象交互

1. 年初预算安排用例对象交互，如图 5－6 所示。

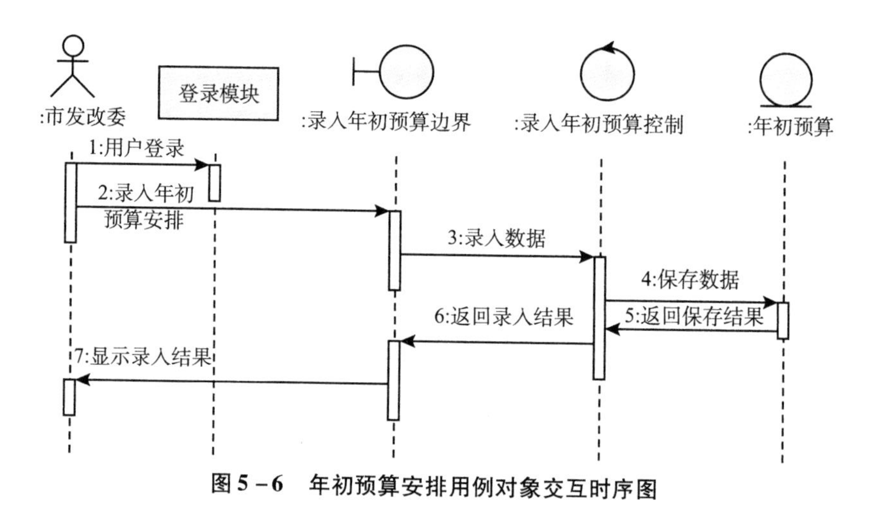

图 5－6　年初预算安排用例对象交互时序图

2. 管理支出额度用例对象交互，如图 5－7 所示。

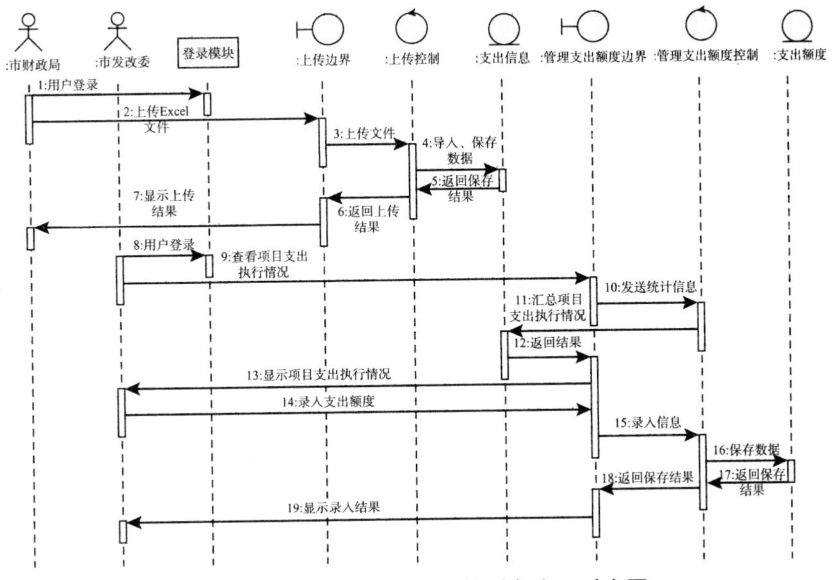

图 5－7　管理支出额度用例对象交互时序图

3. 查看支出报表用例对象交互，如图 5－8 所示。

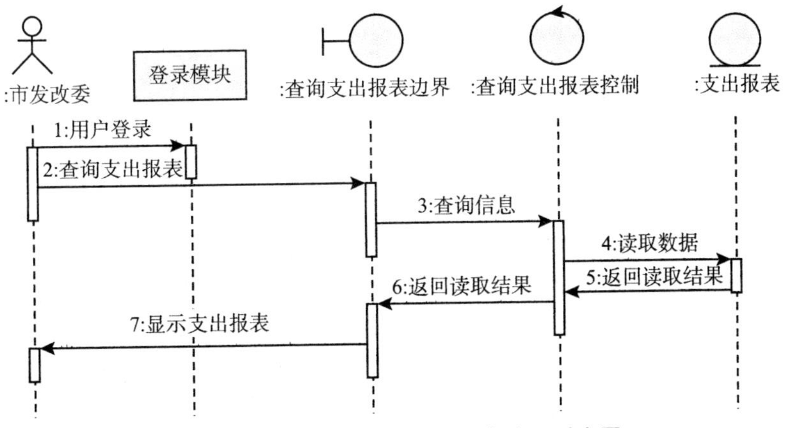

图 5－8　查看支出报表用例对象交互时序图

四、返拨管理用例对象交互

1. 申请登记用例对象交互，如图 5－9 所示。

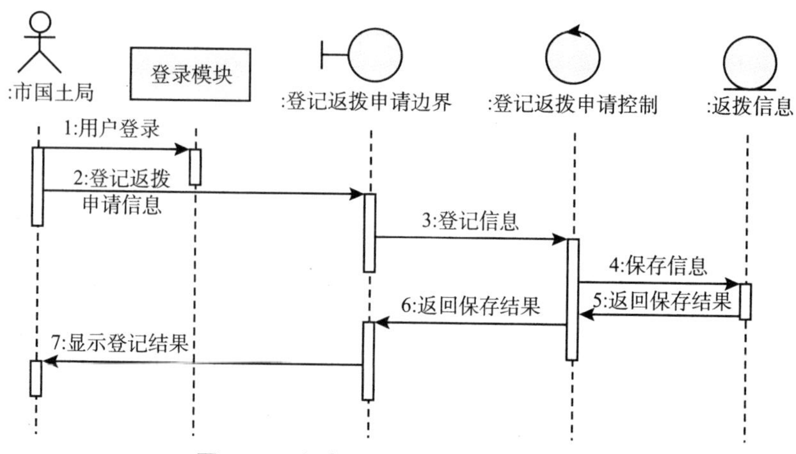

图5-9 申请登记用例对象交互时序图

2. 查看审批用例对象交互，如图5-10所示。

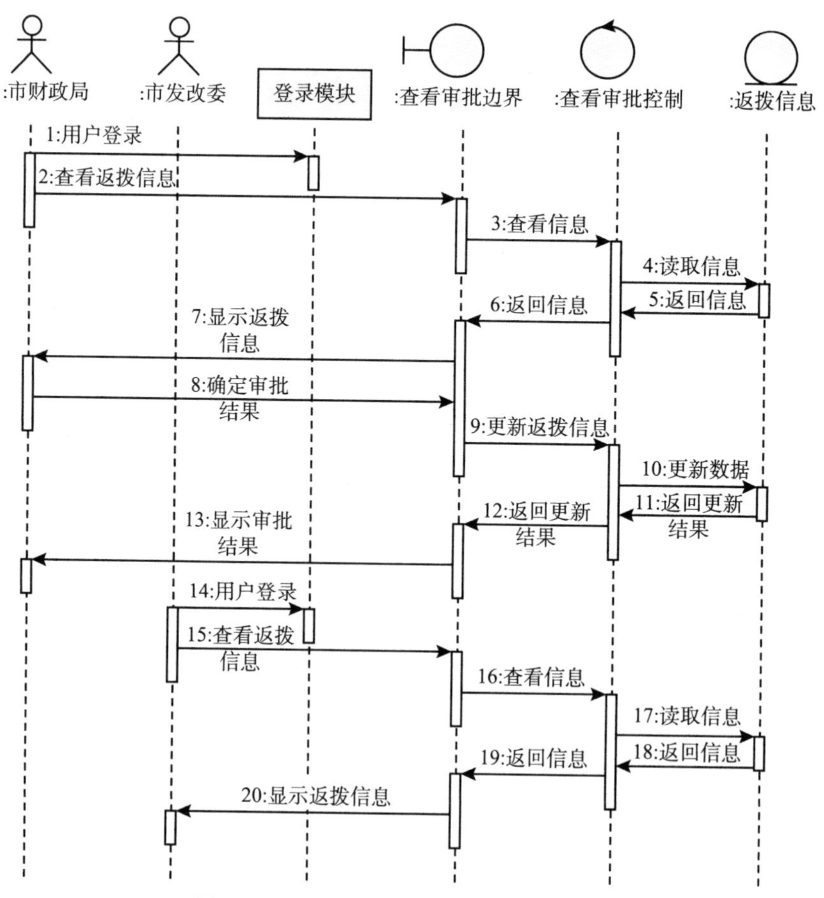

图5-10 查看审批用例对象交互时序图

第三节

分 析 模 型

通过以上对象间交互的分析，可以明白新系统将如何使用这些对象来实现用例。那么，根据这些对象的特征，以及调查中的数据分析，可以初步得出相关的类。其中，本系统定义了如图 5 - 11 所示的实体类。

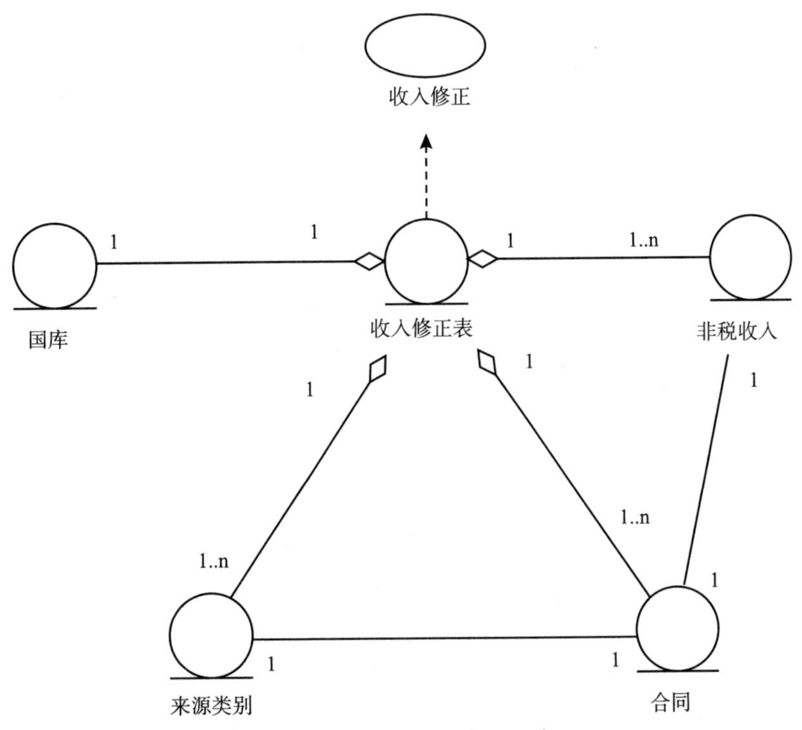

图 5 - 11　收入修正对象分析类图

系统实体类名的标识符，如表 5-1 所示。

表 5-1 系统实体类名标识

序号	类名	中文含义
1	Fs	非税收入类
2	Ht	合同类
3	Lb	来源类别类
4	Tk	退库表类
5	Fb	返拨表类
6	Zckm	支出科目类
7	Zcxm	支出项目类
8	Gk	国库类
9	Yhxx	用户信息类

第六章将以收入查询用例中的收入修正用例为例，说明相关类的关联以及如何实例化为对象去实现用例。

第六章

系统设计

第一节

概要设计

概要设计的基本任务是采用某种设计方法，将一个复杂的系统按功能划分成模块，确定每个模块的功能；确定模块之间的调用关系；确定模块之间的接口，即模块之间传递的信息；评价模块的质量。在系统的设计方面，主要分为层次设计、子系统设计、模块设计、包设计。

一、层次设计

本系统的架构被分成四个层次，分别是表现层、控制层、处理层、数据库。表现层主要是 JSP 页面，用来显示控制层提供的信息，控制层就是一个控制器，数据的增删改查都要通过控制层来进行控制。当控制层接到指令要做什么事的时候，控制器就会调用相应的实体类中相应的方法来完成。在实体类中遇到对数据库的操作就有实体类调用链接数据库的方法 Conn（）方法来链接数据库完成对数据库的操作。

用户登录活动图中，JSP 属于表现层，Servlet 控制器属于控制层，JavaBeanCl 属于处理类，mysql 属于数据库层，如图 6－1 所示。

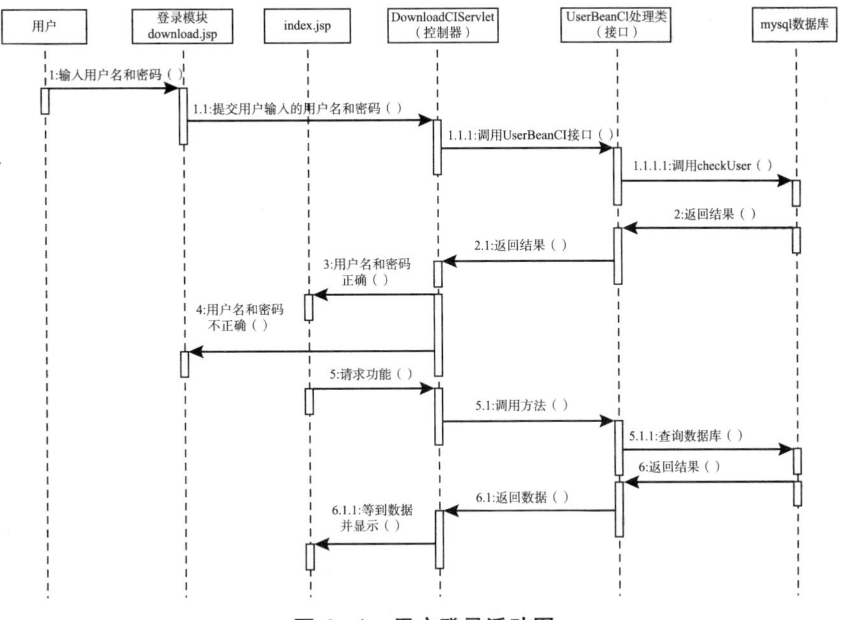

图 6－1　用户登录活动图

（一）表现层

表现层是用户所能看到的页面，可以是 JSP 页面、Html 页面等，在本系统中统一使用 JSP 页面。在表现层的设计中我们采用了一个页面有多个 JSP 页面构成的方式。如图 6－2 所示，我们看到的首页 index 是由 left. jsp，right. jsp，head. jsp，tail. jsp 这四个页面构成。

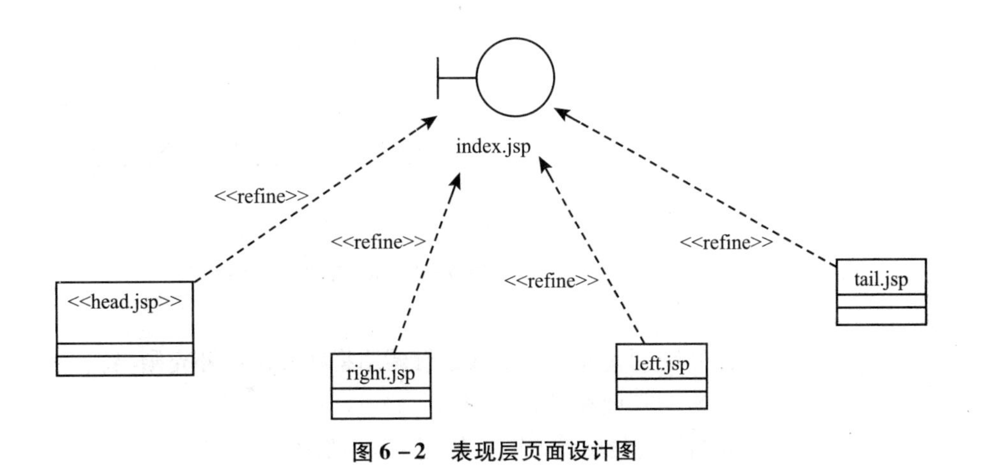

图 6－2　表现层页面设计图

下面展示了要完成一系列的功能需要用到哪些 JSP 页面。

1. 非税收入主菜单。

非税收入主菜单设计图，如图 6－3 所示。

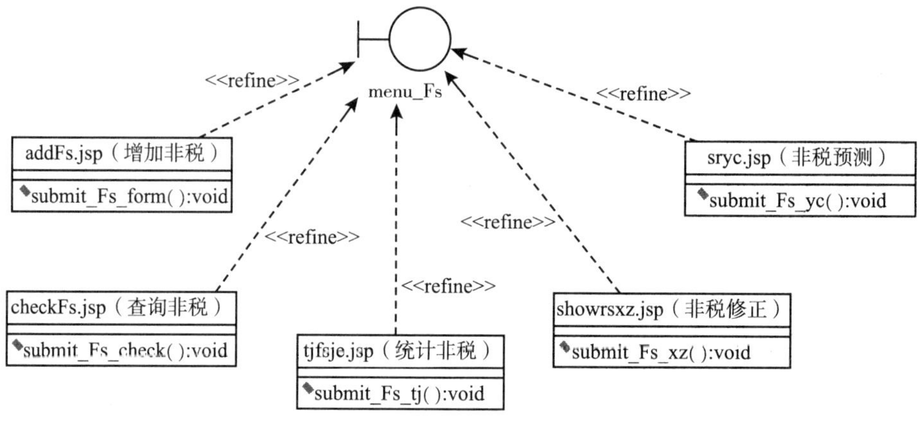

图 6－3　非税收入主菜单设计图

在 JSP 页面中的方法 submit_Fs_. . 指的是向控制层提交表单，我们把每一个输入都做成表单，如：查询非税要输入的通知书编号是在表单里输入的。然后在通过提交表单的形式向控制层发送请求。

JSP 页面在用户发送请求时就会以提交表单的形式把用户的请求发送给控制器 Servlet，由于每个 JSP 的发送请求都一样，现在就以增加非税为例子画一个活动图来显示 JSP 向 Servlet 发送请求的过程，如图 6－4 所示。

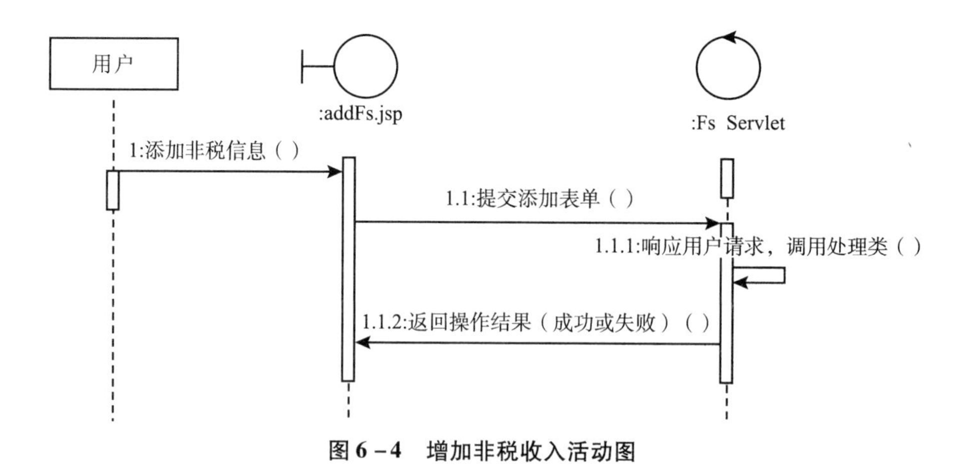

图 6－4　增加非税收入活动图

有关 Servlet 如何对处理进行调用将在控制层补充画出。

2. 合同管理菜单。

合同管理菜单设计图，如图 6－5 所示。

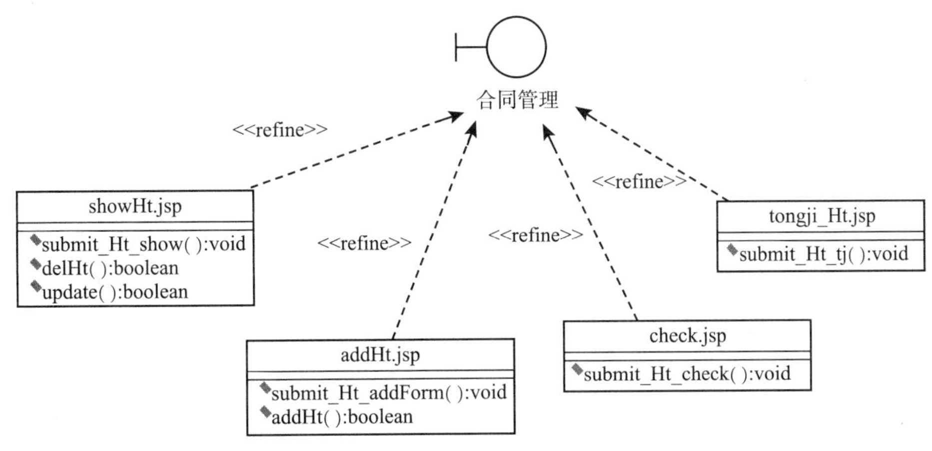

图 6－5　合同管理菜单设计图

合同的管理主要分成四个部分，显示合同信息（showHt. jsp）、增加合同信息（addHt. jsp）、查询合同信息（check. jsp）、统计合同信息（tongji_Ht. jsp）。submit_Ht_show（）不是一个真实的方法而是代表着向控制层发送请求的意思。在 showHt. jsp 中用户除了看到合同的相关信息，还可以对每一条合同进行删除和修改。

3. 类别管理。

类别管理菜单设计图，如图 6－6 所示。

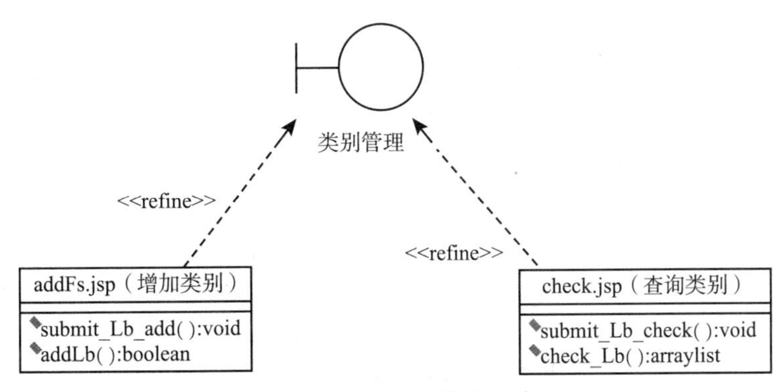

图 6－6　类别管理菜单设计图

类别管理是由市发改委给出的，根据分析设计我们可以把对类别的操作分成增加类别和查询类别。对图 6－6 的解析为：增加类别返回一个布尔值，这个布尔值将在判断是否成功添加时用到。

4. 退库管理。

退库管理菜单设计图，如图 6－7 所示。

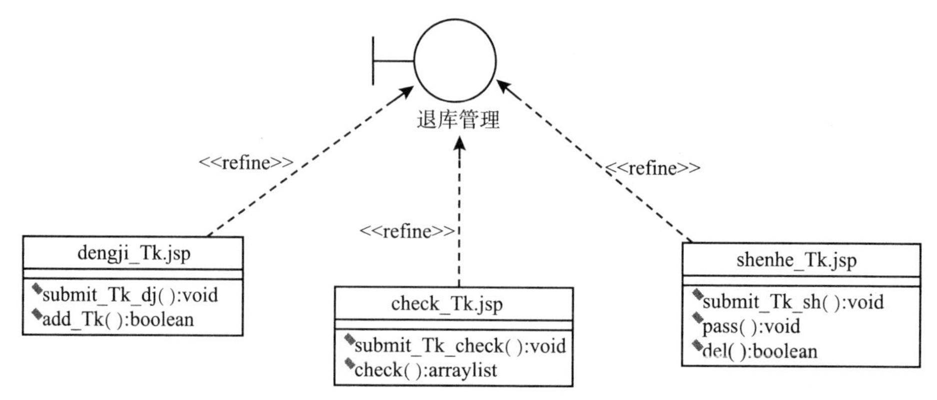

图 6－7 退库管理菜单设计图

退库管理的功能分为三大部分：登记退库信息、查询退库信息、申请退库。其中查询退库返回的是一个集合，里面有从数据库中得到的退库信息。在审核退库的 JSP 页面中，有通过和删除两个方法，根据前面的分析可知，通过审核的信息则记录下来，否则删除。

5. 支出管理。

支出管理菜单设计图，如图 6－8 所示。

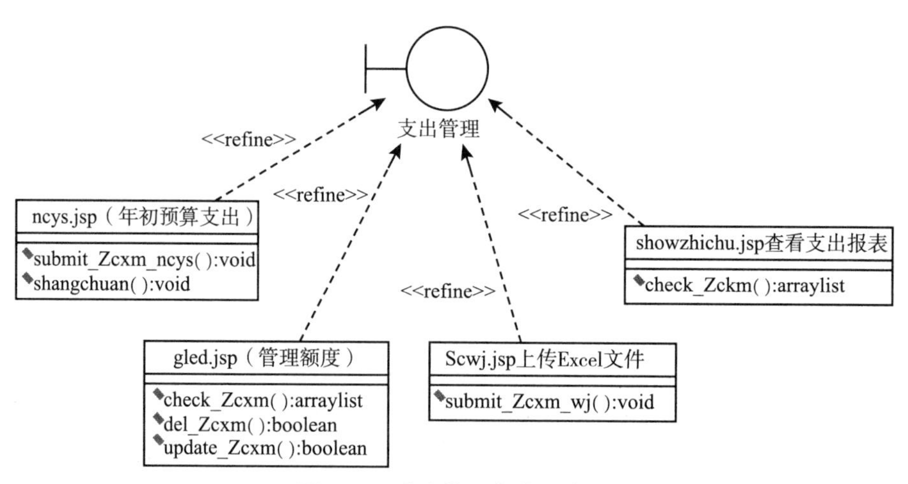

图 6－8 支出管理菜单设计图

支出管理的功能包括：年初预算支出、管理额度、查看支出报表、上传 Excel 文件。年初预算和管理额度的删除和修改只有市发改委有权限，上传文件 Excel 只能是内容与支出科目表里的字段相对应的 Excel 文件。

6. 返拨管理。

返拨管理菜单设计图，如图 6－9 所示。

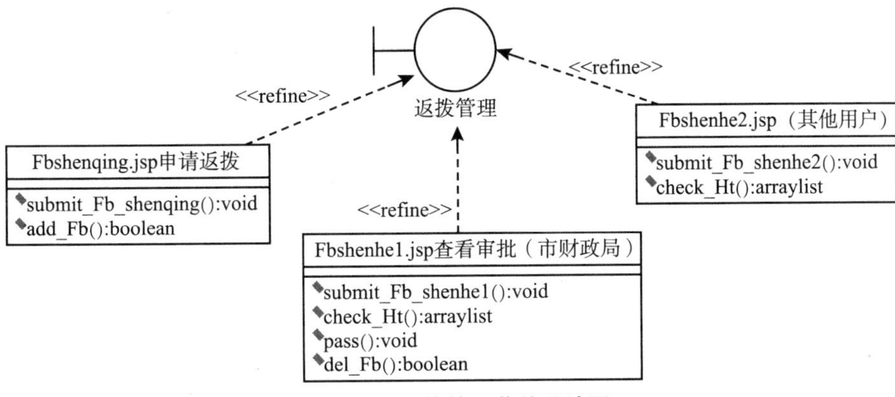

图 6-9　返拨管理菜单设计图

申请返拨与退库功能类似，虽然返拨功能是由“增加返拨”“查看返拨”组成，但是每个页面开放的操作权限是不一样的。如申请返拨操作归市国土局用户，审批归市财政局用户。在上面之所以有两个 Fbshenhe. jsp 页面因为操作权限的不同。如果是市财政局用户登录就会看到“审核”这个功能，其他用户则看不到。其实在设计时提供数据都是底层的返拨表。

7. 国库管理。

国库管理菜单设计图，如图 6-10 所示。

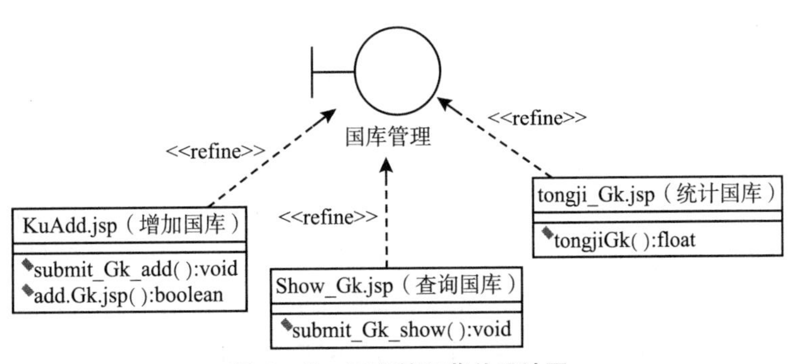

图 6-10　国库管理菜单设计图

国库管理的功能有增加国库、查询国库、统计国库。submit 不是一个具体的方法，代表的意思是向用户提交请求。

（二）控制层

控制层就相当于一个控制器，接收由 JSP 页面传来的请求，然后根据 JSP 页面的请求调用相应的接口（处理类）中的方法来处理 JSP 请求。在设计控制器 Servlet 的时候，是把对一个表的所有操作（增删改查）都放在一个控制器中，方便系统日后的维护。

1. 非税收入控制器。

在图 6－11 中，FsServlet 中的方法是控制器调用某个方法的接口，在 Fs-BeanCl 中的方法是接口的具体实现。上面要表达的是在控制器中，控制器通过实例化一个类调用 FsBeanCl 这个接口，通过 FsBeanCl 接口中的 showFs（）方法接口，调用在 FsBeanCl 类中具有具体代码实现的 showFs（）方法来响应用户的添加请求。

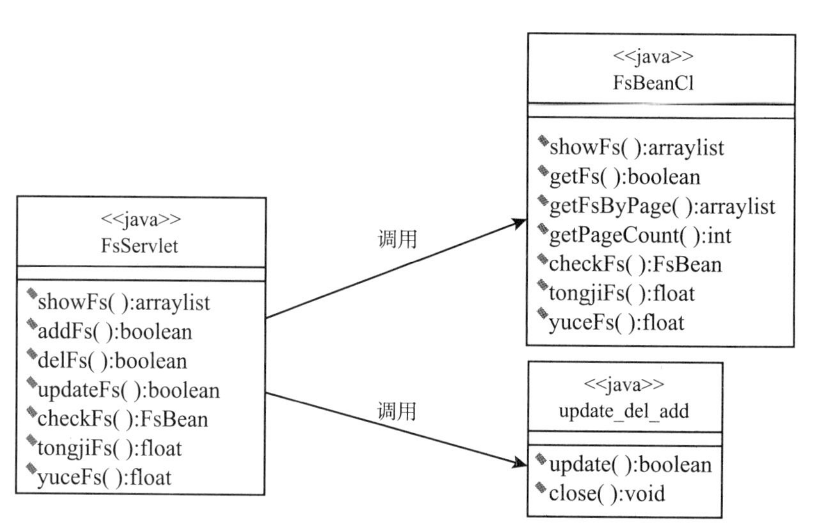

图 6－11　非税收入控制器类调用图

由业务分析可以知道，市财政局和市发改委有权限对所收取的非税收入进行查看，当在页面查看非税收入时就需要调用非税收入处理类中的 showFs（）来获取所有的非税收入列表信息，需要调用 getFsByPage（）来获取某一页非税收入的列表信息，需要调用 getPageCount（）来获取非税收入的总页数。

因为业务需要对某一特点的非税收入信息进行查询，所以调用 checkFs（）方法来对某一个特点的非税收入信息进行查询，在非税收入进行年末汇总的时候需要调用 tongjiFs（）方法来计算一整年的非税收入总额。由于存在签了合同但是金额未到账的情况，市发改委需要预测合同收入情况时就需要调用 yuceFs（）方法来根据录用的合同金额进行汇总计算。

本系统对增加、删除、修改进行了模块封装，所有的增删改都由 update_del_add（）处理类进行处理，close（）方法主要是关闭打开的数据流和对数据库的链接，释放资源。

2. 登录控制器设计。

在图 6－12 中，运行过程为：DownloadClServlet 这个登录控制器去调用 UserBeanCl 中的 checkUser（）方法来完成对用户数据的检验。UserBeanCl 有很多方法，DownloadClServlet 不一定都要调用，只是调用检验用户名和方法就可以了。

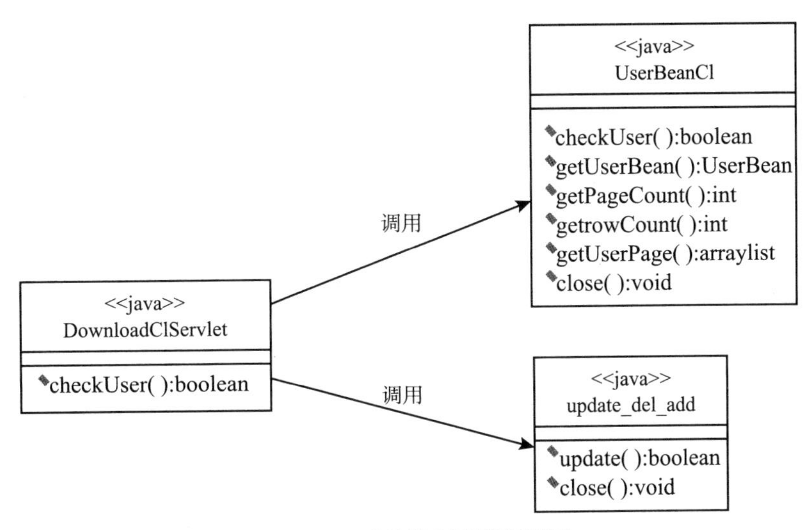

图 6－12　登录控制器类调用图

由于三个部门的员工很多，每个部门的员工权限不太一样。所以对员工进行权限授予，还有对员工信息的删除操作都需要查找出特定的用户然后对其信息进行修改，这里需要调用的是 getUserBean（）方法，checkUser（）方法是用来检测用户是否登录。由于本系统存在的一个缺陷，在分页的后面如果不满足已定义的页面大小，需要进行处理才能正常显示，所以通过 ge-trowCount（）方法来获取当前记录数来判断是否为最后一页。

3. 快速查询控制器。

在图 6－13 中，快速查询控制器是一个方便用户查询的机制，通过编号就可以查到你想查到的内容。由于只是调用每个处理类中的查询方法，所以这个控制器要调用很多个处理类。本例没有完全把所有调用处理类写出来。

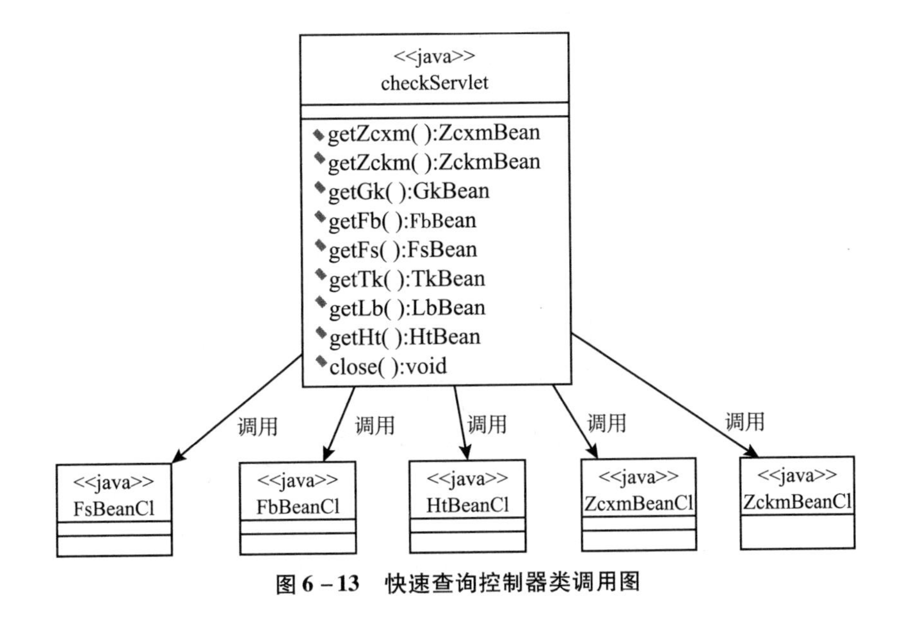

图 6－13　快速查询控制器类调用图

在快速查询的时候虽然我们只通过一个接口来处理多种查询业务。但是在查询控制器中会有很多不同的接口调用。如 getZcxm（）仅仅就是要查询支出项目。

4. 返拨控制器。

由于返拨表的信息比较多，每张返拨表的信息包括了类别、返拨、合同等信息，所以为了能拿到完整的信息，返拨控制器需要调用四个实体类，如图 6－14 所示。

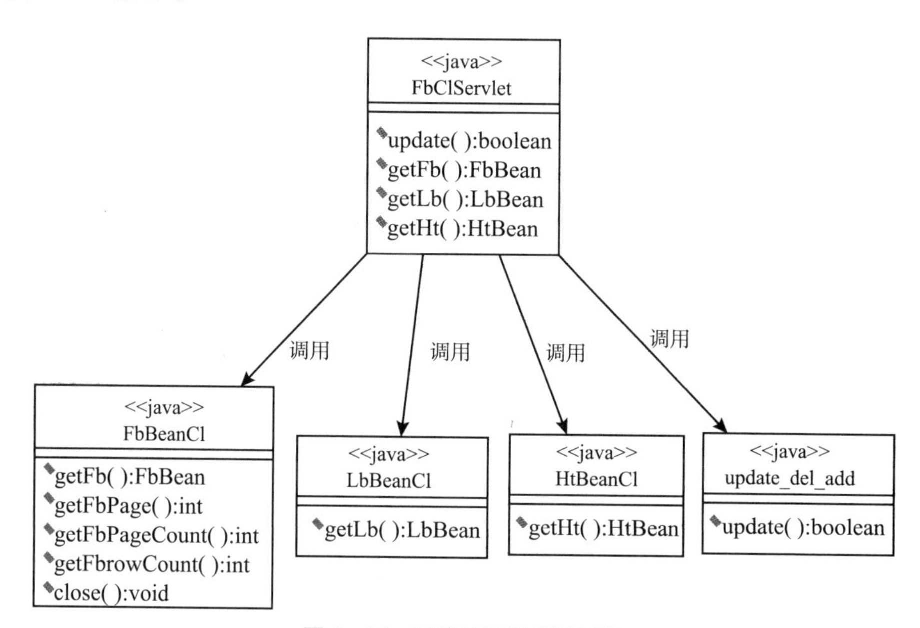

图 6－14　返拨控制器类调用图

5. 国库控制器。

在图 6－15 中，运行过程为：由 KuClServlet 这个登录控制器去调用 GkBeanCl 中的 getTotal 方法来完成对用户数据的检验。GkBeanCl 有很多方法，KuClServlet 不一定都要调用。

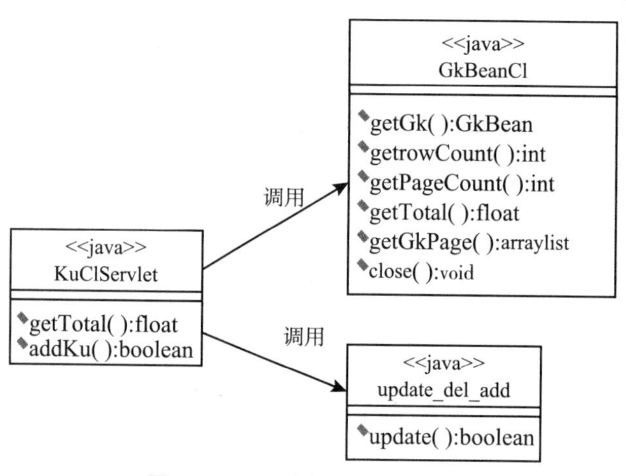

图 6－15　国库控制器类调用图

在业务分析中我们知道，对于每一笔收入都需要上缴进入国库中，在实际需要中也同样需要对每一笔的收入进行严格的把关，所以需要可以查找到某一笔国库收入的功能，这是可以调用 getGk（）方法，在年末需要对本年的总收入进行汇总，这是可以调用 getTotal（）方法。同样在要显示所有收入记录的时候需要调用 getGkPage（）方法。

6. 类别控制器。

由类别控制器分别调用 LbBeanCl 和 update_del_add 两个处理类来完成查询类别和增加类别的作用，如图 6－16 所示。

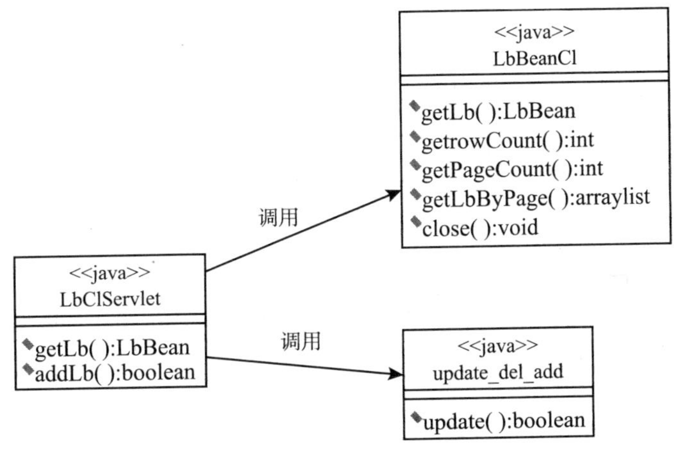

图 6－16 类别控制器类调用图

7. 公告控制器。

由公告控制器分别调用 NewBeanCl 和 update_del_add 两个处理类来完成“增删改查”公告的功能，如图 6－17 所示。

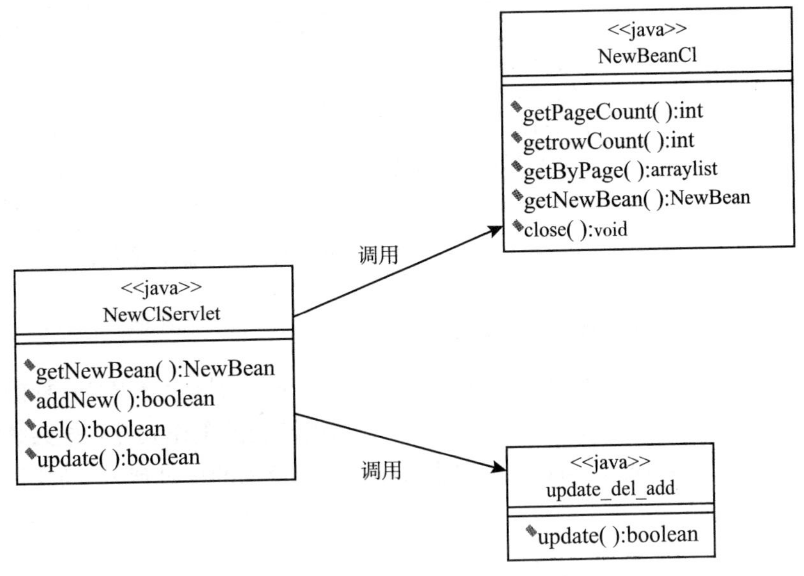

图 6－17 公告控制器类调用图

8. 上传文件控制器。

在上传文件这里，主要是引用了相应的 jar 包来解决用户上传文件的请求，所以在处理类中没有相应的方法，处理请求相应的方法都封装在 jar 文件中，主要引用的 jar 包有 jxl. jar，如图 6－18 所示。

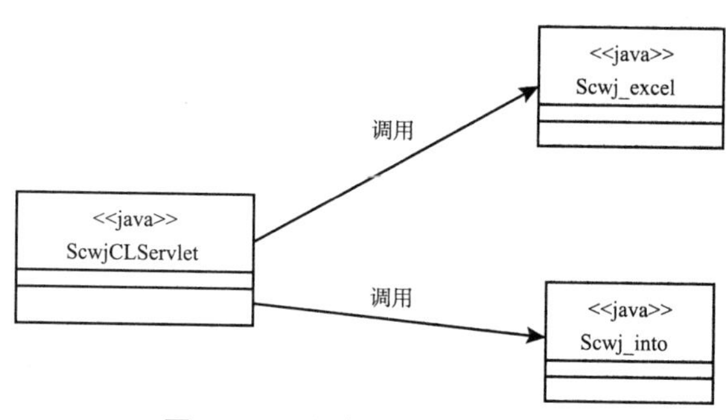

图 6－18　上传控制器类调用图

9. 合同控制器。

由合同控制器调用 HtBeanCl 和 update_del_add 来完成“增删改查”合同的功能，如图 6－19 所示。

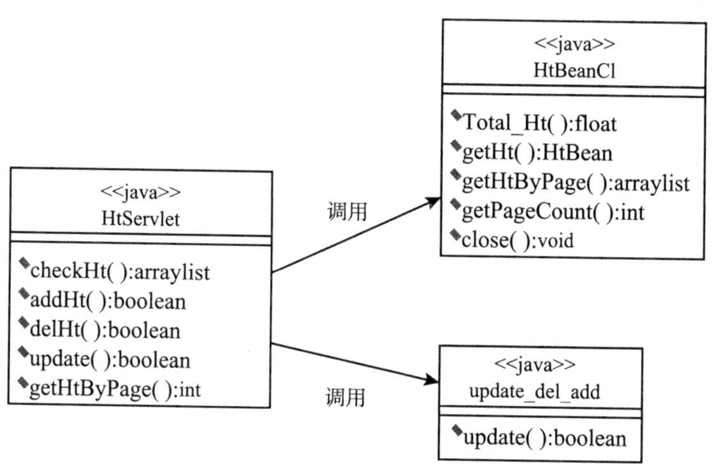

图 6－19　合同控制器类调用图

10. 退库控制器。

退库的执行流程与上面的几个模块的执行流程是一样的，不同的地方就是每一笔退库都要进行审核。当市财政局的工作人员登录系统审核退库时就调用 showTk_shenhe（）方法来显示当前退库的记录列表，如图 6－20 所示。

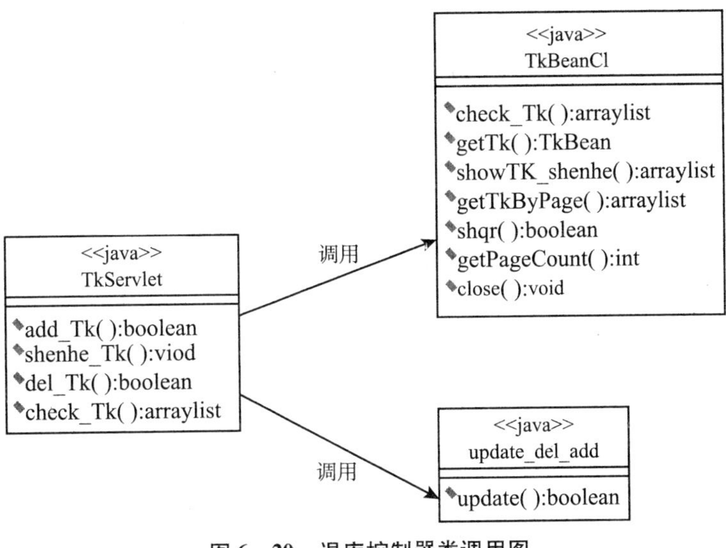

图 6－20　退库控制器类调用图

11. 用户信息控制器。

用户控制通过调用 UserBeanCl 和 update_del_add 两个实体类来完成用户的"增删改查"的功能。

我们知道用户管理在任何系统中都存在，在本系统中存在市发改委、市国土局、市财政局的很多不同的用户对系统进行操作。这就需要对不同用户授予不同的操作权限，当用户离职时需要更新用户信息，当需要变更某个用户信息时就要调用 getUserBean（）方法。同上面的几个模块一样，当需要显示用户列表时就调用 getUserPage（），如图 6－21 所示。

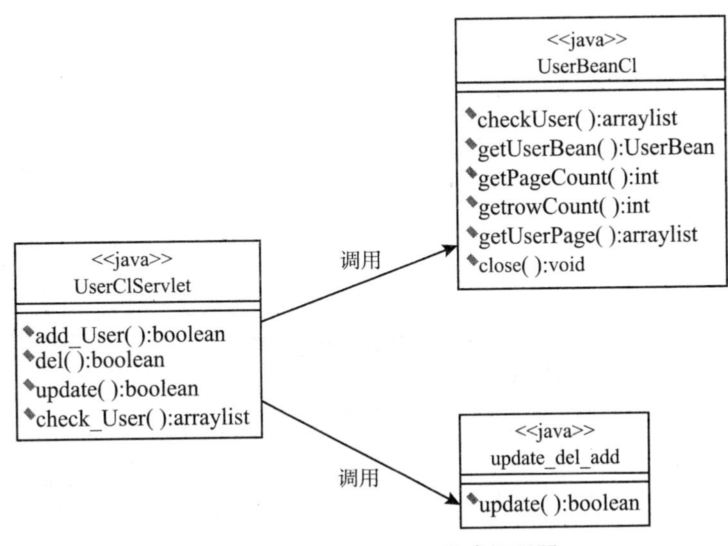

图 6－21　用户信息控制器类调用图

12. 支出项目控制器。

支出项目是市财政局对财政收入的支出记录，当需要查询在一定条件下的某个支出项的情况时可以调用 getZcxm（）方法来列出该支出项的细节，当需要显示在一定条件的多个支出项时，则调用 getZcxmPage（）方法，如图 6－22 所示。

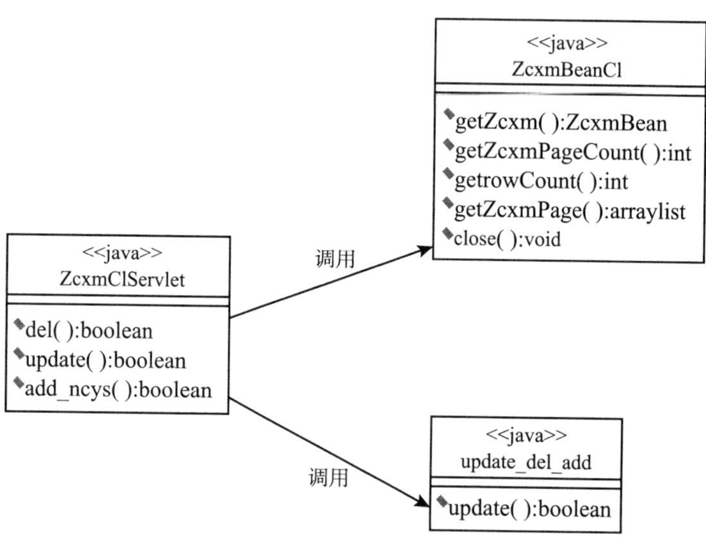

图 6－22　支出项目控制器类调用图

13. 支出科目控制器。

如图 6－23 所示，支出科目在接收到用户的请求后调用 ZckmBeanCl 和 update_del_add 两个处理类来完成用户对支出科目的查询、更新操作。

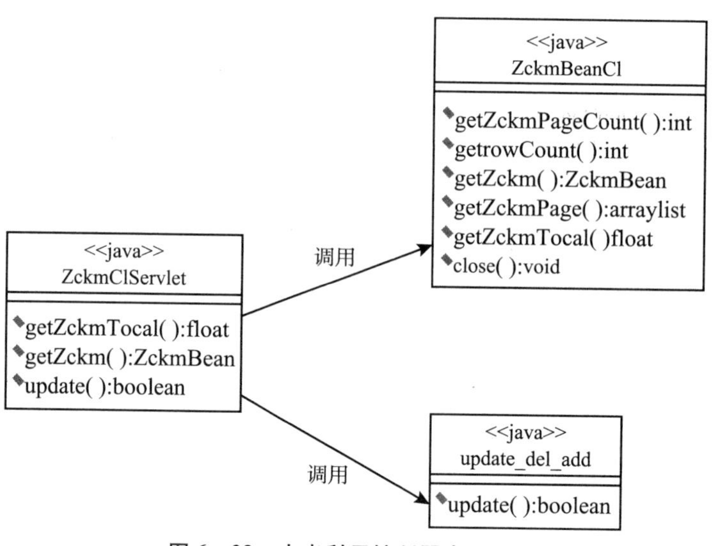

图 6－23　支出科目控制器类调用图

（三）处理层

处理类是一个实体类，主要的任务是负责处理用户的请求，它就像一个工具，由控制器调用。每个处理类都有关于处理某个表的方法。我们根据数据表来划分处理类，把对一个数据表的所有操作的方法都放在一个处理类里，这样当控制器需要调用工具来实现用户的某个请求的时候，就可以通过调用处理类中的方法来实现这个请求操作。对某个数据表的操作就找到某个数据表所对应的处理类，它们的关系是一一对应的。这样在发生错误的时候，我们也可以很快地找到错误出在哪个地方。下面给出设计的部分处理类及与其对应的方法。

1. 非税收入处理类。

图 6－24 所要表现的 FsBeanCl 由多个方法聚合而成，当控制器调用处理类的时候，处理类就根据用户的请求来调用处理类中相应的方法，每个方法处理完相应的请求就返回请求信息。

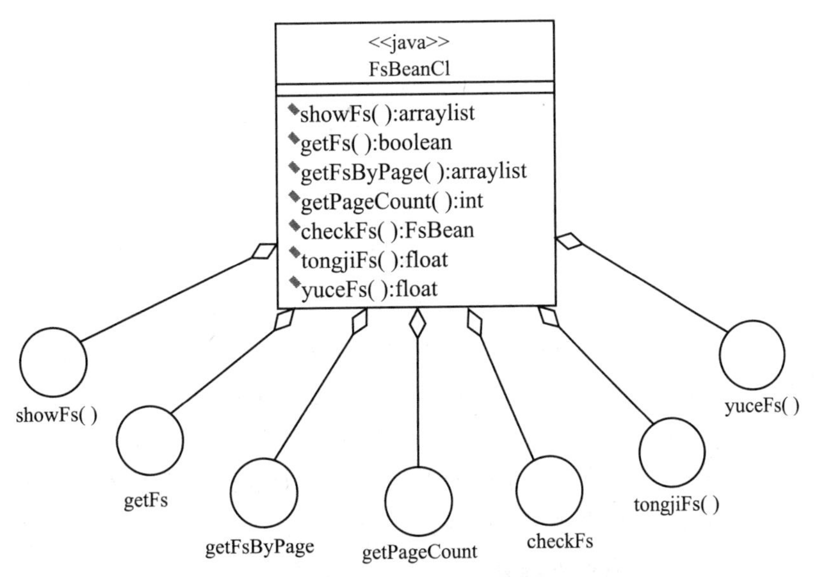

图 6－24　非税收入处理类

由上面的业务分析可以知道，市国土局对非税收入模块有查看、查询、添加的功能，这些需要用到 getFsBypage（）（获取特定页的非税收入详细列表），checkFs（）根据输入的条件查询到某一个非税收入的记录。市财政局对非税收入有查看，查询的功能。市发改委对非税收入有预测、查看、查询、统计等功能。这些功能需要用到的方法分别是：yuceFs（）、getFsBypage（）、checkFs（）、tongjiFs（）。

2. 返拨处理类。

图6－25所展示的FbBeanCl由六个方法聚合而成，当控制器调用FbBeanCl处理请求时，FbBeanCl就会找到能完成这个请求的方法，然后把请求交这个方法处理。

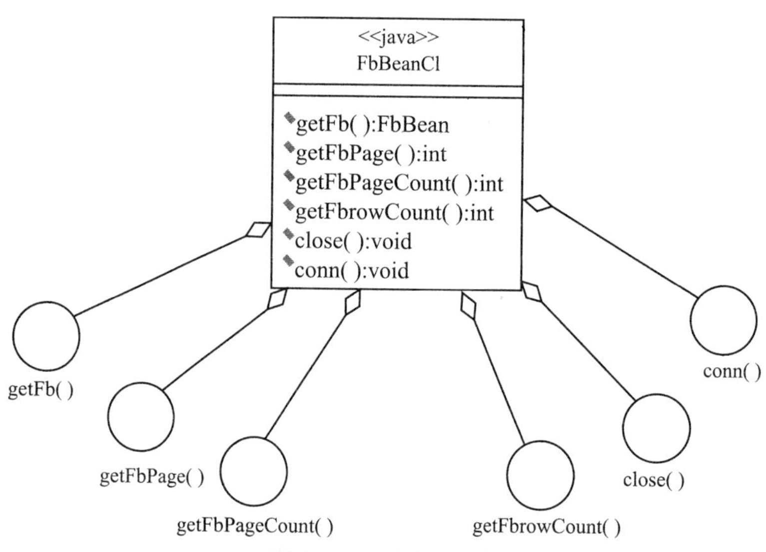

图6－25 返拨处理类

根据第四章中的FB01的用例分析，我们知道返拨的业务流程为：

（1）当有关机构申请返拨时，由市国土局用户登录系统，登记申请信息；

（2）申请信息登记完成后，由三个部门共同对其进行审批。

在这个流程中市国土局进行登记后三个部门要对其进行审批时就必须把返拨信息显示出来，所以有getFbPageCount（）获取页数，getFbPage（）方法来获取要显示的列表信息，getFbrowCount（）来判断是否为最后一页，若是最后一页需要进行特别的处理。由于这个过程需要与数据库进行交互，所以通过conn（）来链接数据库。

3. 合同处理类。

图6－26所展示的是HtBeanCl是由五个方法聚合而成，当控制器调用HtBeanCl处理请求时，HtBeanCl就会找到能完成这个请求的方法，然后把请求交这个方法处理。

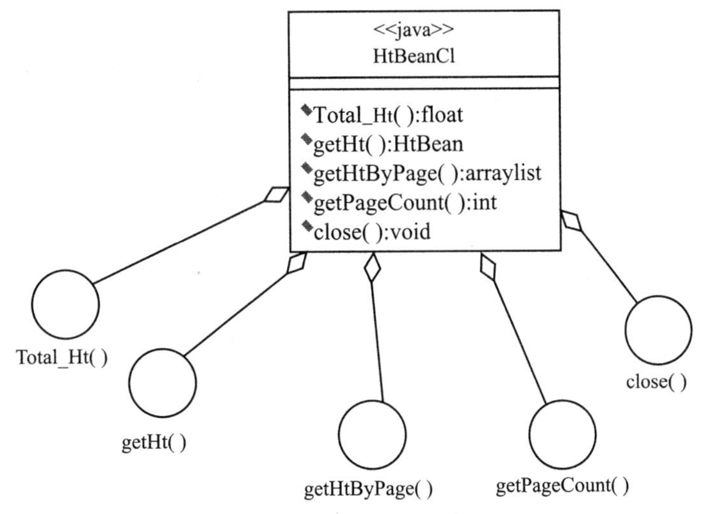

图 6－26　合同处理类

在业务分析中可以知道，市国土局登记非税收入申请，市财政局收入款项，退库处理这些都涉及合同上的金额问题。所以对合同的管理上需要通过 getHtByPage（）来获取合同列表信息，通过 Total_Ht（）来统计合同金额。

4. 类别处理类。

图 6－27 所展示的 LbBeanCl 由五个方法聚合而成，当控制器调用 LbBeanCl 处理请求时，LbBeanCl 就会找到能完成这个请求的方法，然后把请求交这个方法处理。

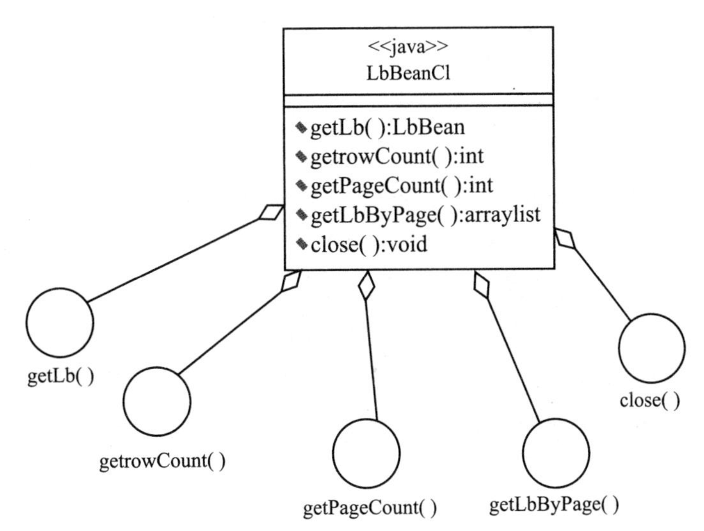

图 6－27　类别处理类

5. 退库处理类。

图 6－28 所展示的 TkBeanCl 由七个方法聚合而成，当控制器调用 TkBeanCl 处理请求时，TkBeanCl 就会找到能完成这个请求的方法，然后把请求交这个方法处理。

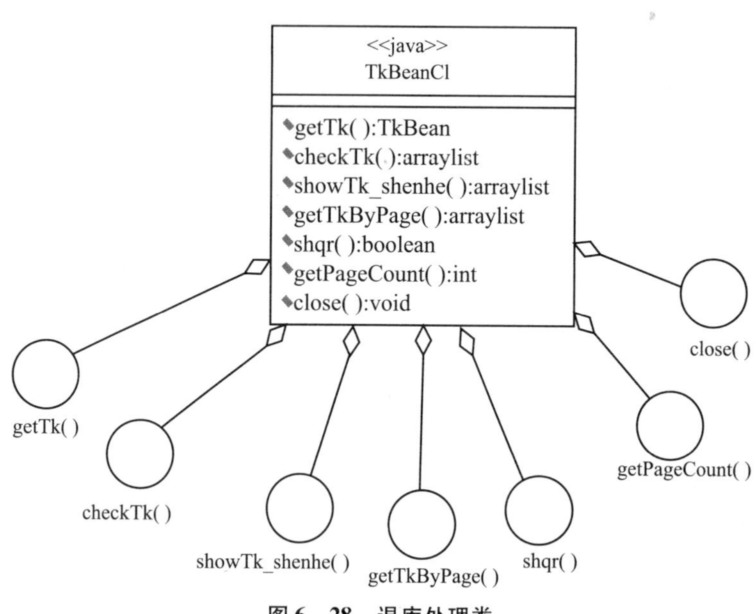

图 6－28　退库处理类

根据第四章的用例描述 TK01 退库的流程为：市国土局进行退库申请，登记退库信息；市财政局审批通过后，由银行核对退款，一切无误退款后，市财政局在支出管理系统中登记本次退库完成信息，并通过前置机反馈到新系统中。用户登录系统，确定所需要查看退库信息的合同号，或选择查看系统已有的全部退库信息，系统根据条件显示相关信息。从上面的用例描述可以知道，需要有申请、查看、审核这几个功能。主要对应的方法是：shqr（），getTkBy-page（），showTk_shenhe（）。

6. 支出科目处理类。

图 6－29 所展示的 ZckmBeanCl 由六个方法聚合而成，当控制器调用 ZckmBeanCl 处理请求时，ZckmBeanCl 就会找到能完成这个请求的方法，然后把请求交这个方法处理。

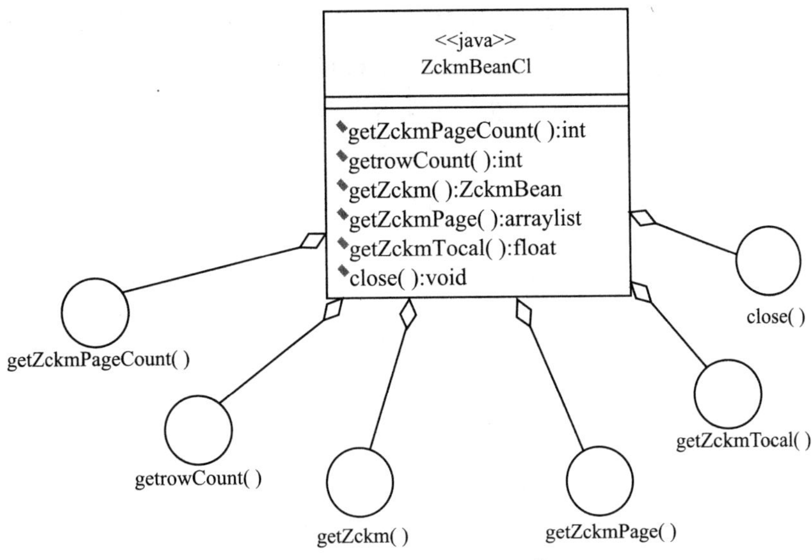

图 6－29　支出科目处理类

在支出管理模块中有支出项目和支出科目两个功能，其中支出科目是对支出项目的细分，记录着基础项目中的许多小科目的详细信息。其中 getZckmPageCount（）方法表示获得支出科目列表页数，getZckm（）获得根据查询条件查出的某一个支出项信息，getZckmPage（）获得列表显示的支出科目信息，getZckmTocal（）计算支出科目总金额。

7. 支出项目处理类。

图 6－30 所展示的 ZcxmBeanCl 由五个方法聚合而成，当控制器调用 ZcxmBeanCl 处理请求时，ZcxmBeanCl 就会找到能完成这个请求的方法，然后把请求交这个方法处理。

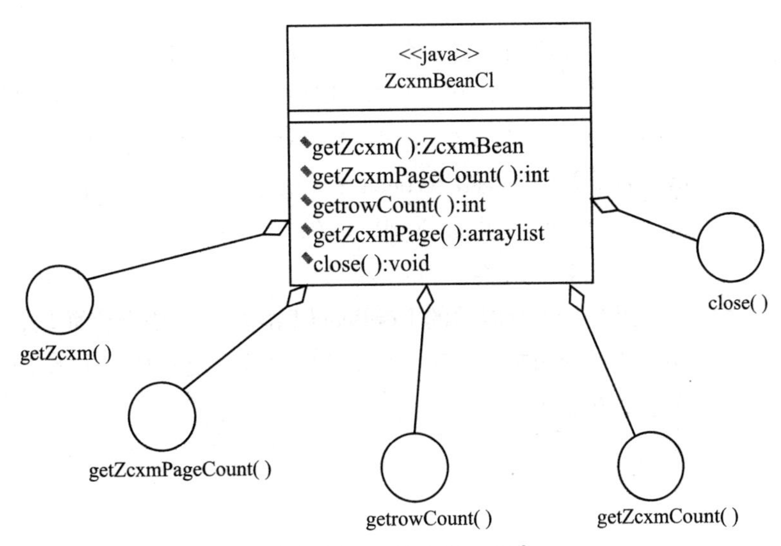

图 6－30　支出项目处理类

在支出管理模块中有支出项目和支出科目两个功能，其中支出项目是对支出科目的汇总。记录着支出科目中的汇总信息，特别是金额。其中 getZcxmPageCount（）方法表示获得支出项目列表页数，getZcxm（）获得根据查询条件查出的某一个支出项目信息，getZcxmPage（）获得列表显示的支出项目信息，getZcxmTocal（）计算支出项目总金额。

8. 用户信息处理类。

图 6－31 所展示的 UserBeanCl 由六个方法聚合而成，当控制器调用 UserBeanCl 处理请求时，UserBeanCl 就会找到能完成这个请求的方法，然后把请求交这个方法处理。

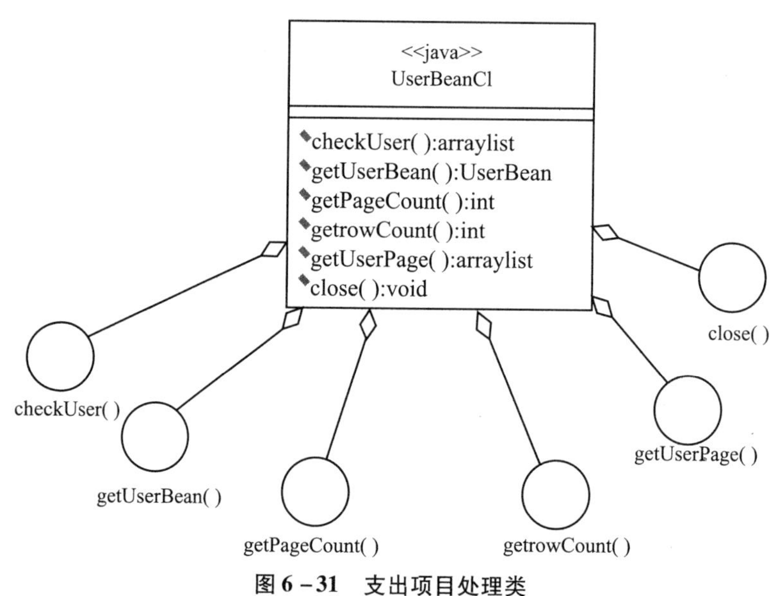

图 6－31 支出项目处理类

我们知道用户管理在任何系统中都存在的，在本系统中存在市发改委、市国土局、市财政局很多不同的用户对系统进行操作。我们需要对不同用户授予不同的操作权限，当用户离职时我们需要更新用户信息，当需要变更某个用户信息时就要调用 getUserBean（）方法。同上面的几个模块一样，当需要显示用户列表时就调用 getUserPage（）。

9. 公告处理类。

图 6－32 所展示的 NewBeanCl 由五个方法聚合而成，当控制器调用 NewBeanCl 处理请求时，NewBeanCl 就会找到能完成这个请求的方法，然后把请求交这个方法处理。

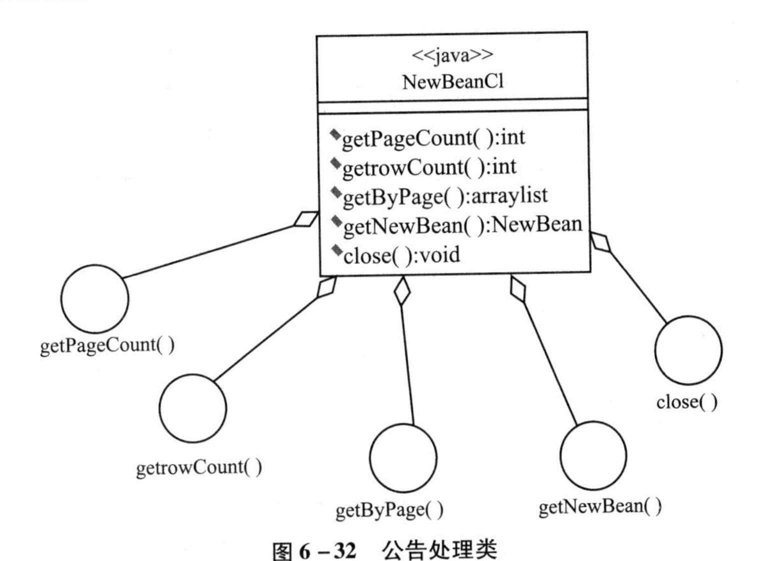

图 6－32　公告处理类

公告信息的操作是对公告进行增删查的操作，在增删改方面主要是交给封装的模块 update_del_add 处理，而查询涉及以下方法：getPageCount（）获取公告信息显示列表页数，getByPage（）获取列表显示的信息。getNewBean（）根据条件获取某一个公告信息。

10. 国库处理类。

图 6－33 所展示的 GkBeanCl 由六个方法聚合而成，当控制器调用 GkBeanCl 处理请求时，GkBeanCl 就会找到能完成这个请求的方法，然后把请求交这个方法处理。

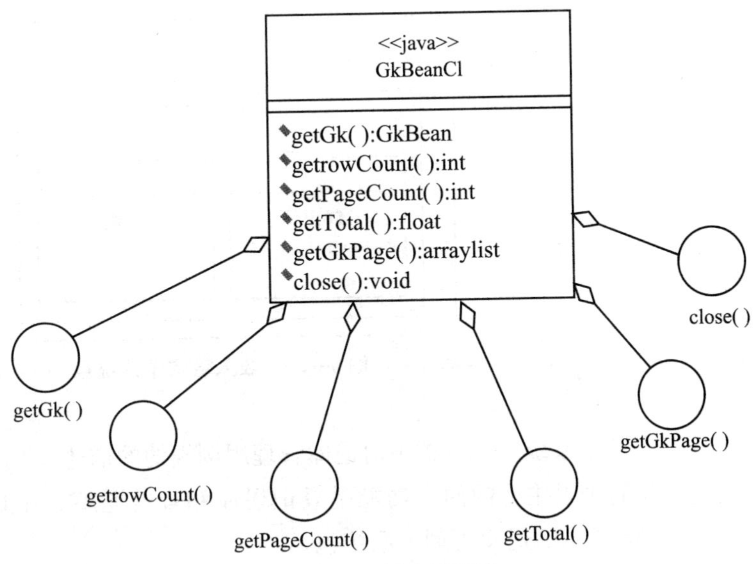

图 6－33　国库处理类

在业务分析中我们知道，对于每一笔收入都需要上缴进入国库，在实际需要中也同样需要对每一笔的收入进行严格的把关，所以需要可以查找到某一笔国库收入，这时可以调用 getGk（）方法。在年末需要对本年的总收入进行汇总，这时可以调用 getTotal（）方法。同样当要显示所有收入记录的时候需要调用 getGkPage（）方法。

二、包设计

软件层次包的设计，如图 6－34 所示。

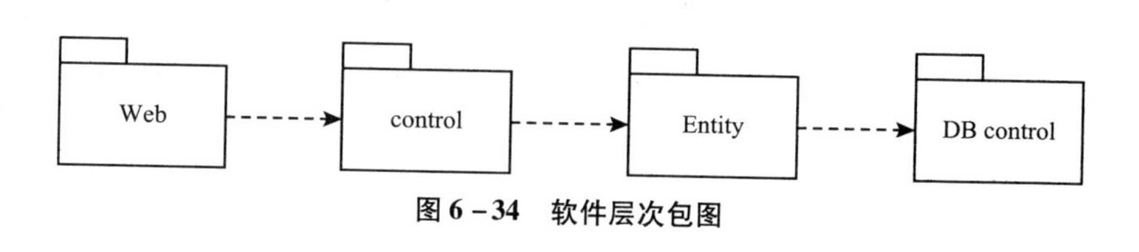

图 6－34　软件层次包图

这个系统整体的流程是由 Web 表现层 -> control 控制层 -> 处理类 -> 数据库所组成。在包的划分方面采用了职能集中分包的原则，下面就是按职能集中分配的包实际模型。

基于系统用例分析中对收入查询用例规约的描述（见表 4－1），可以知道非税收入管理最主要的两个功能是修正与预测。在此基础上分析得出图 6－35 所示的收入管理子系统包。

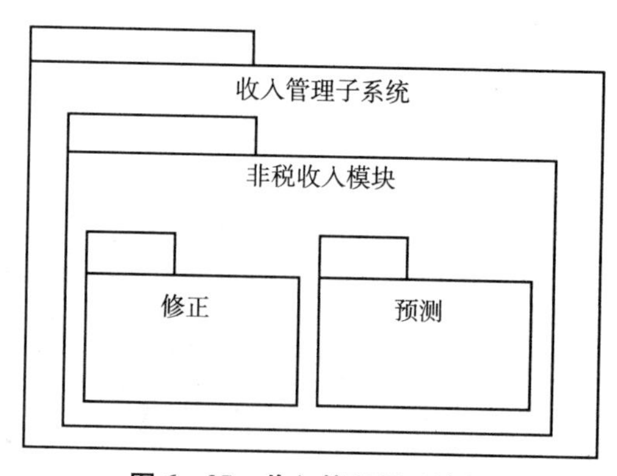

图 6－35　收入管理子系统包

基于系统用例分析中对退库管理用例规约的描述（见表 4－4），可以知道退库管理最主要的两个功能是登记退库和查看退库。在此基础上分析得出图 6－36 所示的退库管理子系统包。

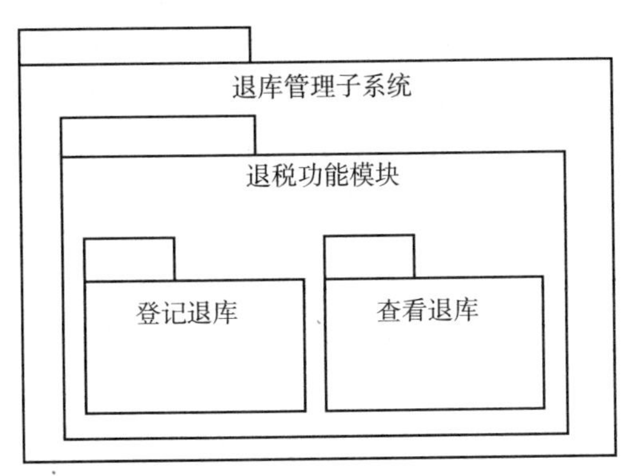

图 6 –36　退库管理子系统包

基于系统用例分析中对支出报表管理用例规约的描述（见表 4 –7），可以知道支出报表管理最主要的功能是年初预算安排、管理支出额度和查看支出报表。在此基础上分析得出图 6 –37 所示的支出管理子系统包。

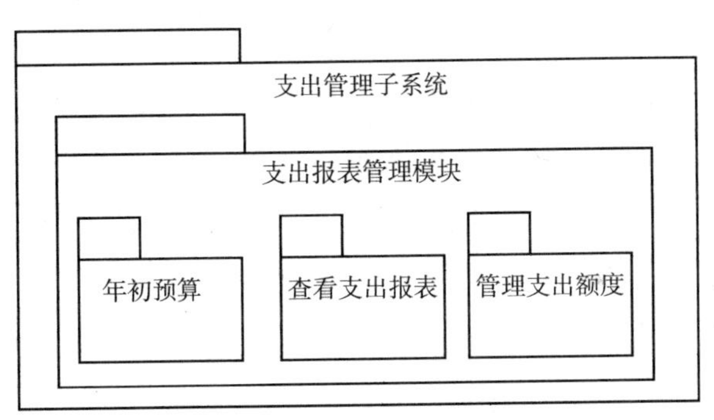

图 6 –37　支出管理子系统包

基于系统用例分析中对返拨管理用例规约的描述（见表 4 – 11），可以知道返拨管理最主要的两个功能是申请登记和查看审批。在此基础上分析得出图 6 –38 所示的返拨管理子系统包。

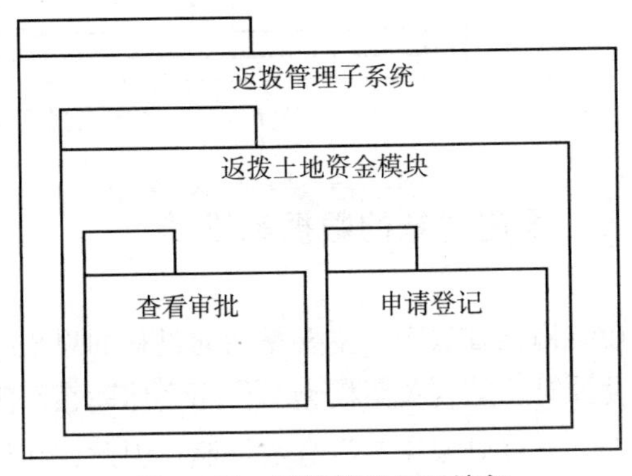

图 6 –38　返拨管理子系统包

由于图 6－39 所示模块不是本系统的四大功能模块之一所以在第四章的用例描述中没有详细地描述。从业务分析我们知道本系统涉及三个部门，分别是市国土局、市财政局、市发改委。从业务需要可以分析出当有新人员增加时需要增加用户信息，当人员离职时需要修改用户信息（变为不可以用），即用户增加和修改，如图 6－39 所示。

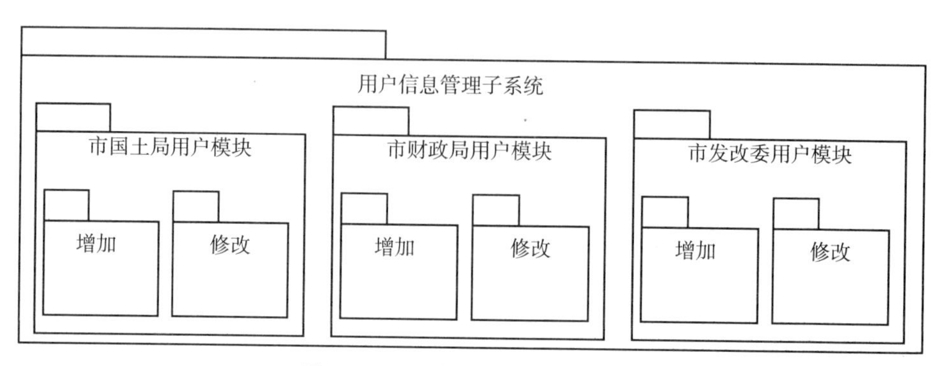

图 6－39　用户信息管理子系统包

国库模块也不是本系统的四大功能模块之一，但是这并不影响我们从整体的业务分析了解该模块的结构设计。根据前面的业务分析可以得出如图 6－40 所示的国库信息子系统包，对国库的操作主要有增加、查询、统计这三大功能。

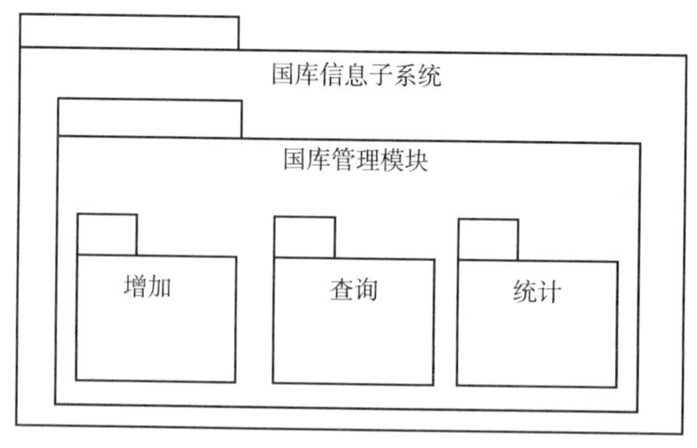

图 6－40　国库信息子系统包

三、面向对象的数据库设计

在结构化方法中，主要是面向过程的思想，重视整个过程的数据流；在数据库设计时，结合关系模型，使用实体联系图等方法进行数据库设计。在面向对象中，只有对象流，没有数据流。因此，在设计数据库时的思路有所不同。

面向对象设计解决业务执行逻辑问题，数据库设计解决数据高效的问题。

要采用面向对象方法，首先要忘记数据库的存在，采用对象分析方法，先把对象分析和定义出来，保证业务执行逻辑能够被这些对象很好地完成。由于关系数据库的高效及方便是对象数据库模式在短期内无法轻易达到的，所以，在对象分析和定义之后，为了将对象持久化，再结合关系数据库的设计，依据数据库的三大范式以及性能要求把对象持久化。

本案例在系统分析中已经分析和定义出了对象，在系统设计中又由这些对象相应地抽象出系统的实体类。由此，即是将系统对象进行持久化设计，也就是完成了面向对象设计中数据库设计的工作。

对于第五章第二节的分析对象各图中的实体类，根据数据库设计的要求进行优化，最终利用 Rose 的数据模型生成器将优化后的类模型映射到关系模型。得到如图 6－41 所示的设计类图。

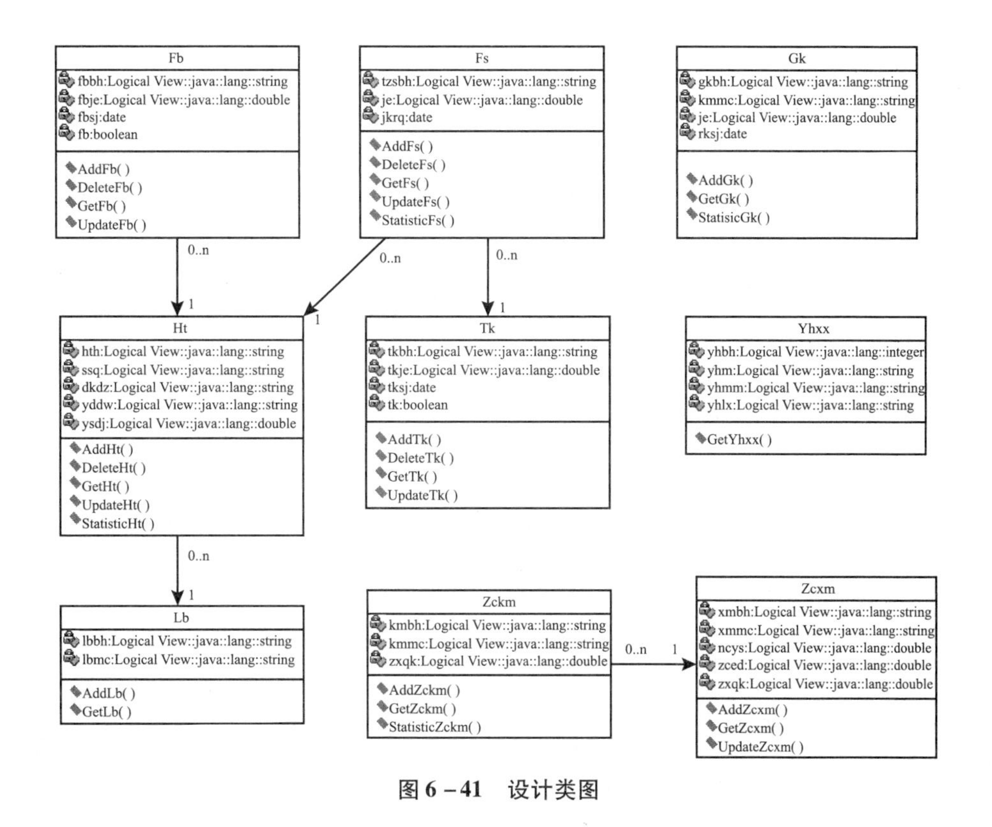

图 6－41　设计类图

对于图 6－41 系统设计类图中的 Fb（返拨表），Fs（非税收入表），Tk（退库表）的设计方法简要说明如下：

根据第四章第五节的非税收入以及其子用例的详细描述，结合图 4－8 收入查询用例场景活动图，可以知道对于非税收入表的操作主要有增加、删除、修改非税收入，统计非税收入，查询具体的单笔收入。

根据第四章第五节的退库管理用例以及其子用例的详细描述，结合图 4－9

退库管理用例场景活动图，我们知道在实际的项目中存在所收取的非税收入退税的这种情况，同样需要对非税收入表增加修改等。

根据第四章第五节的返拨管理及其子用例的详细描述结合图 4－11 返拨管理用例场景活动图，我们可以得出对于返拨的操作主要有增加返拨、删除返拨记录、更新返拨金额、查询返拨情况这几种方法。

其他表的设计与上述方式一致。

现在再进一步从系统实现的角度开始设计这些类。具体设计如表 6－1 至表 6－9 所示。

表 6－1　　非税收入类的属性和操作（映射到数据库中的表为：Fs）

字段名	说明	可见性	数据类型	长度	描述
tzsbh	通知书编号	私有	string	20	非税电子票据上的缴款通知书编号
je	金额	私有	double	(15，2)	非税电子票据上的金额
jkrq	缴款日期	私有	date	8	非税电子票据上的缴款日期
hth	合同号	私有	string	20	对土地出让合同的合同号的引用
tkbh	退库表编号	私有	string	20	退库表的引用
AddFs（）	增加非税	公有			
DeleteFs（）	删除非税	公有			
GetFs（）	查询非税	公有			
UpdateFs（）	更新非税	公有			
StatisticFs（）	统计非税的金额	公有			

表 6－2　　合同类的属性和操作（映射到数据库中的表为：Ht）

字段名	说明	可见性	数据类型	长度	描述
hth	合同号	私有	string	20	土地出让合同的合同号
lbbh	类别编号	私有	string	20	来源类别的引用
ssq	所属区	私有	string	50	地块所属区
dkdz	地块地址	私有	string	50	地块地址
yddw	用地单位	私有	string	50	用地单位
ysdj	应收地价	私有	double	(15，2)	应收地价
AddHt（）	增加合同	公有			
DeleteHt（）	删除合同	公有			
GetHt（）	查询合同	公有			
UpdateHt（）	更新合同	公有			
StatisticHt（）	统计合同金额	公有			

表 6－3 来源类别类的属性和操作（映射到数据库中的表为：Lb）

字段名	说明	可见性	数据类型	长度	描述
lbbh	类别编号	私有	string	20	出让金来源类别的编号
lbmc	类别名称	私有	string	50	出让金来源类别的名称
AddLb（）	增加类别	公有			
GetLb（）	查询类别	公有			

表 6－4 退库表类的属性和操作（映射到数据库中的表为：Tk）

字段名	说明	可见性	数据类型	长度	描述
tkbh	退库表编号	私有	string	20	退库表本身的编号
tkje	退库金额	私有	double	（15，2）	退库的金额
tksj	退库时间	私有	date	8	退库的时间
tk	是否已退库	私有	boolean	1	标记是否已经退库
AddTk（）	增加退库	公有			
DeleteTk（）	删除退库	公有			
GetTk（）	查询退库	公有			
UpdateTk（）	更新退库	公有			

表 6－5 返拨表类的属性和操作（映射到数据库中的表为：Fb）

字段名	说明	可见性	数据类型	长度	描述
fbbh	返拨表编号	私有	string	20	返拨表本身的编号
hth	合同号	私有	string	20	对土地出让合同的合同号的引用
fbje	返拨金额	私有	double	（15，2）	返拨金额
fbsj	返拨时间	私有	date	8	返拨时间
fb	是否审批通过	私有	boolean	1	标记是否通过审批
AddFb（）	增加返拨	公有			
DeleteFb（）	删除返拨	公有			
GetFb（）	查询返拨	公有			
UpdateFb（）	更新返拨	公有			

表 6－6 支出科目类的属性和操作（映射到数据库中的表为：Zckm）

字段名	说明	可见性	数据类型	长度	描述
kmbh	编号	私有	string	20	支出科目的唯一标志
kmmc	科目名称	私有	string	50	支出科目的名称

续表

字段名	说明	可见性	数据类型	长度	描述
xmbh	支出项目编号	私有	string	20	支出项目的引用
zxqk	年初到当前的执行情况	私有	double	(15, 2)	该支出科目对应的年初到当前的执行情况
AddZckm ()	增加支出科目	公有			
GetZckm ()	查询支出科目	公有			
StatisticZckm ()	统计支出科目金额	公有			

表6-7　支出项目类的属性和操作(映射到数据库中的表为:Zcxm)

字段名	说明	可见性	数据类型	长度	描述
xmbh	项目编号	私有	string	20	支出项目的唯一标志
xmmc	项目名称	私有	string	50	支出项目的名称
ncys	年初预算安排	私有	double	(15, 2)	该项目对应的年初预算安排
zced	年初到当前的确定支出额度	私有	double	(15, 2)	该项目年初到当前的确定支出额度
zxqk	年初到当前的执行情况	私有	double	(15, 2)	年初到当前的执行情况，是由对应的支出科目加总获得
AddZcxm ()	增加支出项目	公有			
GetZcxm ()	查询支出项目	公有			
UpdateZcxm ()	更新支出项目	公有			

表6-8　国库类的属性和操作(映射到数据库中的表为:Gk)

字段名	说明	可见性	数据类型	长度	描述
gkbh	编号	私有	string	8	数据库自动增长
kmmc	科目名称	私有	string	50	收入项目名称
je	金额	私有	double	(15, 2)	项目收入金额
rksj	入库时间	私有	date	8	金额入库时间
AddGk ()	增加国库	公有			
GetGk ()	查询国库	公有			
StatisticGk ()	统计国库金额	公有			

表 6－9　　用户信息类的属性和操作（映射到数据库中的表为：Yhxx）

字段名	说明	可见性	数据类型	长度	描述
yhbh	编号	私有	integer	8	数据库自动增长
yhm	用户名	私有	string	50	用户名唯一
yhmm	密码	私有	string	50	用户密码
yhlx	用户类型	私有	string	50	用户类型：市发改委、市国土局和市财政局
GetYhxx（）	查询用户信息	公有			

第二节

详 细 设 计

概要设计解决了软件系统总体结构设计的问题，包括整个软件系统的结构、模块划分、模块功能和模块间的联系等。详细设计则要解决如何实现各个模块的内部功能，即模块设计。具体地说，模块设计就是要为土地出让金管理系统各子系统设计详细的算法。但这并不等同于系统实现阶段用具体的程序语言编码，它只是对实现细节作精确的描述，这样编码阶段就可以将详细设计中对功能实现的描述，直接翻译、转化为用某种程序设计语言书写的程序。该系统模块总览框架，如图 6－42 所示。

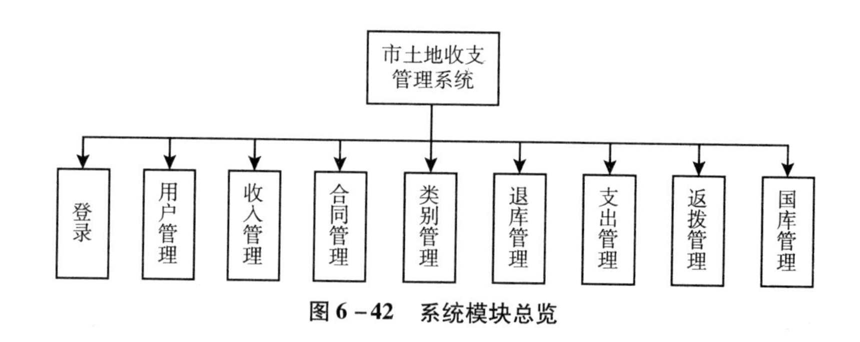

图 6－42　系统模块总览

一、登录模块

登录模块功能流程图，如图 6－43 所示。

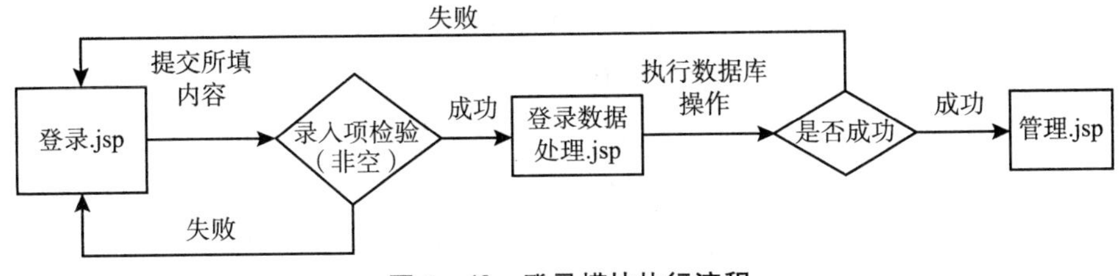

图 6－43　登录模块执行流程

需要说明的问题：输入项检测使用 javascript 实现（各项必须非空）。

（一）功能描述

1. 功能类型：登录系统。
2. 功能描述：验证身份。
3. 前提业务：无。
4. 后继业务：系统功能操作。
5. 功能约束：权限约束。
6. 操作权限：市国土局、市财政局、市发改委。

（二）界面动作设计

登录数据处理.jsp 的内部逻辑关键点包括两点：一是数据库登录信息验证；二是记录登录信息及信息处理。登录动作说明，如表 6－10 所示。

表 6－10　登录动作说明

动作编号	动作名称	动作描述
A01	登录	点击“登录”按钮，提交数据到登录数据处理.jsp 页面
A02	重置	点击“重置”按钮，将当前信息恢复原先状态

1. 数据库登录信息验证。

首先建立数据库连接，然后根据用户输入的账号和密码进行数据库查询，当查到第一条相匹配的用户信息或者查不到的时候查询结束，如果查到，返回 true，否则，返回 false。具体代码如下：

```
        // 检查用户的合法性
public boolean checkUser(String u,String p){
    boolean b = false;
    try{
        ct = new Conn().getConn();    //top 1 可以加快查找速度
        ps = ct.prepareStatement("select yhmm from user where yhm = ? ");
        ps.setString(1, u);
```

```
            rs = ps. executeQuery( ) ;
            if( rs. next( ) ) {
                //取出数据库的密码
                String dbPasswd = rs. getString( 1 ) ;
                if( dbPasswd. equals( p) ) {
                    b = true;
                }
            }
        } catch( Exception e) {
            e. printStackTrace( ) ;
        } finally {
            this. close( ) ;
        }
        return b;
    }
```

2. 记录登录信息及信息处理。

当用户点击“登录”按钮之后，数据将提交到登录数据处理.jsp页面。服务层DownloadClServlet取得账号密码这两个从登录页面传入的值，然后跟数据库当中管理员表中的账号和密码比较。如果正确的话，调用处理层的public UserBean（）及getUserBean（）方法获取用户信息，在服务层放入session中存入一个标记属性，表示当前已经有用户登录了。处理完毕后，跳转到系统首页，如果失败，则提示登录失败，并重新进入到登录页面。具体代码如下：

```
        public void doGet ( HttpServletRequest request, HttpServletResponse
        response)
          throws ServletException,IOException  {
    //转成中文字符
    response. setCharacterEncoding( "utf - 8") ;
    request. setCharacterEncoding( "utf - 8") ;
    response. setContentType( "text/html") ;
    //PrintWriter out  = response. getWriter( ) ;
    //得到用户名和密码,验证
    String  u = request. getParameter( "username") ;
    String  p = request. getParameter( "password") ;
    System. out. println( u) ;
    System. out. println( p) ;
        UserBeanCl  ubc = new  UserBeanCl( ) ;
        if( ubc. checkUser( u,p) ) {
```

```
                    //1.把成功登录的用户所有信息放入 session
                    UserBean ub = ubc.getUserBean(u);
                    request.getSession().setAttribute("userInfo",ub);
                    //用户合法
request.getRequestDispatcher("index11.jsp").forward(request,response);
                }else{
                    //用户不合法
                    //用 a 作为一个参数变量传给 dowmload.jsp 页面
                    int a = 1;
                    request.setAttribute("dialog",a + "");
request.getRequestDispatcher("index.jsp").forward(request,response);
                }
            }
public void doPost(HttpServletRequest request,HttpServletResponse response)
                throws ServletException,IOException {
            this.doGet(request,response);
        }
}
```

取得用户信息代码如下：

```
        //获得用户信息
        public UserBean getUserBean(String u){
            UserBean ub = new UserBean();
            try{
                ct = new Conn().getConn();
                ps = ct.prepareStatement("select * from user where yhm = ?");
                ps.setString(1,u);
                rs = ps.executeQuery();
                if(rs.next()){
                    ub.setYhbh(rs.getInt(1));
                    ub.setYhm(rs.getString(2));
                    ub.setYhmm(rs.getString(3));
                    ub.setYhlx(rs.getString(4));
                }
            }catch(Exception e){
                e.printStackTrace();
            }finally{
                this.close();
```

```
        }
        return ub;
    }
```

二、增加、删除、更新模块

增加、删除、更新模块流程图，如图 6－44 所示。

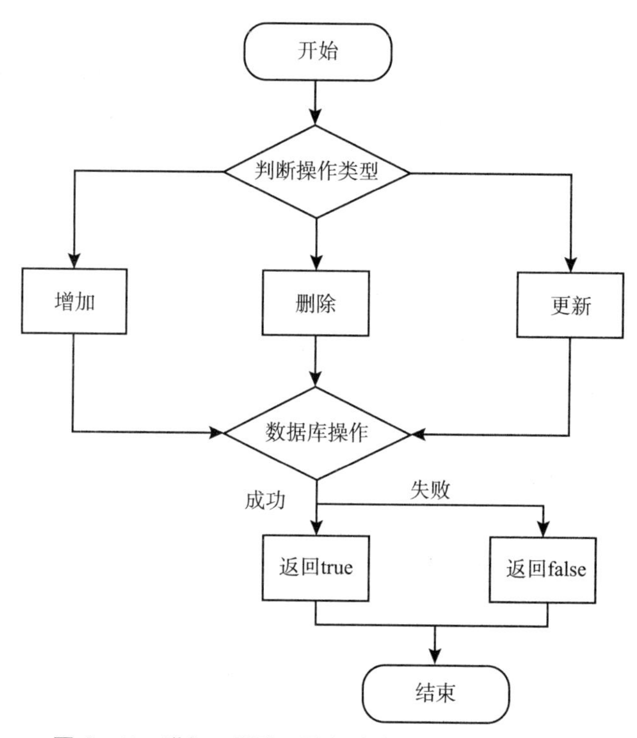

图 6－44　增加、删除、更新功能一般化的执行流程

（一）功能描述

1. 功能类型：数据库数据操作。
2. 功能描述：增加、删除、更新数据库数据。
3. 前提业务：登录。
4. 后继业务：系统功能操作。
5. 功能约束：权限约束。

（二）界面设计

增加、删除、更新模块界面动作说明，如表 6－11 所示。

表 6-11　增加、删除、更新动作说明

动作编号	动作名称	动作描述
A01	增加	点击“增加”按钮，提交数据到服务层，服务层再调用实现层具体方法实现增加操作
A02	删除	点击“删除”按钮，提交数据到服务层，服务层再调用实现层具体方法实现删除操作
A03	更新	点击“更新”按钮，提交数据到服务层，服务层再调用实现层具体方法实现更新操作

（三）内部逻辑

在表现层点击增加、删除、更新操作后，服务层根据不同的参数和请求调用实现层的具体实现方法，处理后返回操作结果，再调用相关的表现层显示结果。具体代码如下：

```
public boolean update(String sql,String[ ]paras){
boolean b = false;
try {
    //获得连接
    Conn cd = new Conn( );
    ct = cd. getConn( );
    ps = ct. prepareStatement(sql);
    for(int i =0;i < paras. length;i + + ) {
        ps. setString(i +1,paras[i]);
    }
    int num = ps. executeUpdate( );
    if(num = =1){
        b = true;
    }
}
catch (Exception ex) {
    ex. printStackTrace( );
}finally{
    this. close( );
}
return b;
}
```

三、用户管理

（一）功能描述

1. 功能类型：用户管理。
2. 功能描述：可以进行用户的添加，修改、删除操作。
3. 前提业务：登录。
4. 后继业务：系统功能操作。
5. 功能约束：权限约束。
6. 权限约束：系统管理员。

（二）界面设计

用户管理界面动作说明，如表6－12所示。

表6－12 用户管理动作说明

动作编号	动作名称	动作描述
A01	用户增加	调用增加、删除、更新模块
A02	用户删除	调用增加、删除、更新模块
A03	用户更新	调用增加、删除、更新模块

以管理员身份登录后，对用户列表进行管理。服务层接收到用户的请求后，调用增加、删除、更新模块进行相应的操作，再把操作结果返回给用户。具体源代码同增加、删除、更新模块。

四、收入管理

（一）功能描述

1. 功能类型：非税收入管理。

2. 功能描述：对非税收入进行增加、更新、删除、查询、统计、预测、修正。

3. 前提业务：登录。

4. 后继业务：系统功能操作 。

5. 功能约束：权限约束。

（二）界面设计

收入管理界面动作说明，如表6－13所示。

表6－13　收入管理动作说明

动作编号	动作名称	动作描述
A01	非税收入增加	调用增加、删除、更新模块
A02	非税收入删除	调用增加、删除、更新模块
A03	非税收入更新	调用增加、删除、更新模块
A04	非税收入查询	按照通知书编号查询或者查看全部
A05	非税收入统计	按照用户输入的日期统计非税收入的金额
A06	非税收入修正	修正截至当前时间之前的非税收入的金额
A07	非税收入预测	预测当前时间到用户输入的日期的收入金额

（三）内部逻辑

1. 非税收入增删改查。

根据用户的需求可以增加、删除、更新全部非税收入信息或者根据通知书编号查询非税收入信息。服务层接受页面的请求后根据不同的请求调用实现层不同的方法对数据库进行查询，然后再调用表现层把返回的查询结果显示给用户。具体源代码如下：

```
//查看全部非税信息
public ArrayList<FsBean> getFsByPage(int pageNow){
    ArrayList<FsBean> al = new ArrayList<FsBean>();
    try {
        conn = new Conn().getConn();
        ps = conn.prepareStatement ("select * from fs, lb, ht where fs.hth = ht.hth and ht.lb = lb.lbbh limit ?,?");
        ps.setLong(1,(pageNow - 1) * pageSize);
        ps.setLong(2,pageSize);
        rs = ps.executeQuery();
        while (rs.next()) {
            FsBean fb = new FsBean();
            fb.setTzsbh(rs.getString(1));
            fb.setJe(rs.getFloat(2));
```

```
                fb. setJkrq( rs. getDate(3) ) ;
                fb. setHth( rs. getString(4) ) ;
                fb. setTkbh( rs. getString(5) ) ;
                fb. setLbmc( rs. getString(7) ) ;
                al. add(fb) ; // 将 al 放到 arrayList 中
            }
            }catch  (Exception  e)  {
            e. printStackTrace( ) ;
        }  finally  {
            this. close( ) ;
        }
        return  al;
    }
//根据通知书编号查询非税信息
    public  ArrayList < FsBean >  CheckFs( String  tzsbh)
    {
        ArrayList < FsBean >  al   =  new  ArrayList < FsBean > ( ) ;
        try{
            conn = new  Conn( ) . getConn( ) ;
            ps  =  conn.  prepareStatement  (  " select    *   from fs  , lb  ,
ht  where  fs. hth = ht. hth   and  ht. lb = lb. lbbh  AND  fs. tzsbh = '" + tzsbh + "'   ") ;
            rs = ps. executeQuery( ) ;
            while   (rs. next( ) )  {
                FsBean  fb   =  new  FsBean( ) ;
                fb. setTzsbh( rs. getString(1) ) ;
                fb. setJe( rs. getFloat(2) ) ;
                fb. setJkrq( rs. getDate(3) ) ;
                fb. setHth( rs. getString(4) ) ;
                fb. setTkbh( rs. getString(5) ) ;
                fb. setLbmc( rs. getString(6) ) ;
                al. add( fb) ; // 将 al 放到 arrayList 中
            }
        }  catch  (Exception  e)  {
            e. printStackTrace( ) ;
        }  finally  {
            this. close( ) ;
        }
```

```
        return al;
    }
```

2. 非税收入统计。

此业务的主要功能是对非税收入的金额进行统计。用户点击非税收入统计后跳转到另一个 .jsp 页面，用户可以自己输入想要统计的起止时间，然后点击统计按钮，服务层接受用户的请求和参数后，调用实现层的方法统计后，再调用表现层的页面显示返回的统计结果。具体源代码如下：

```
    //统计非税金额
    public float SrTj(Date date1,Date date2){
        float tj =0.0f;
        try{
            conn = new Conn().getConn();
            ps = conn.prepareStatement("select * from fs where 'date2' >
jkrq >'date2';");
            rs = ps.executeQuery();
            while (rs.next()) {
                tj = tj + rs.getFloat(2);
                }
        }
        catch (Exception e) {
            e.printStackTrace();
        } finally {
            this.close();
        }
        return tj ;
    }
```

3. 非税收入修正。

用户登录系统，选择收入查询，查询土地出让金的实际收入情况；服务层接到请求后，调用实现层的具体方法，实现层根据查询的当前时间，自动将数据库中的相关数据进行汇总计算，得出年初到当前的实际收入情况再把结果返回，并通过表现层显示出来。具体源代码如下：

```
        //收入修正
    public float StatisticSr(){
        try{
            //收入清空
            this.allsr =0.0f;
            conn = new Conn().getConn();
```

```
                    ps = conn. prepareStatement("select  * from tk  ,fs where  tk. tk =
1  and  jkrq < now( ) and tk. tkbh = fs. tkbh;");
                    rs = ps. executeQuery( );
                    while  (rs. next( ) ) {
                        this. allsr = this. allsr + rs. getFloat(7) - rs. getFloat(3);
                        }
                    ps = conn. prepareStatement("select  * from tk,fs where  tk.
tk = 0  and  jkrq < now( ) and tk. tkbh = fs. tkbh  ;");
                    rs = ps. executeQuery( );
                    while  (rs. next( ) ) {
                        this. allsr = this. allsr + rs. getFloat(7);
                        }
                    ps = conn. prepareStatement ( " select  * from fs where tk-
bh  is null  ;");
                    rs = ps. executeQuery( );
                    while  (rs. next( ) ) {
                        this. allsr = this. allsr + rs. getFloat(2);
                        }
                }
                catch  (Exception e) {
                    e. printStackTrace( );
                } finally {
                    this. close( );
                }
                return this. allsr  ;
        }
```

4. 非税收入预测。

用户登录系统后，查询预测当前到未来某时间内的收入情况，确定所要预测的未来时间；服务层根据相应请求调用实现层方法实现，实现层根据当前时间以及用户确定的预测时间，自动将数据库中的相关数据进行汇总计算，得出预测的收入情况再把结果返回，并通过表现层显示出来。具体源代码如下：

```
        //收入预测
        public float SrYc(Date date){
            float yc = 0.0f;
            try{
                //收入清空
```

```
                yc =0.00f;
                conn = new Conn().getConn();
                ps = conn.prepareStatement("select  *  from fs  where  'date'>
jkrq and jkrq >now();");
                rs = ps.executeQuery();
                while (rs.next()) {
                    yc = yc + rs.getFloat(2);
                    }
            }
            catch (Exception e) {
                e.printStackTrace();
            } finally {
                this.close();
            }
            return yc ;
    }
```

五、合同管理

（一）功能描述

1. 功能类型：合同管理。
2. 功能描述：对合同进行增加、更新、删除、查找操作和统计合同金额。
3. 前提业务：登录。
4. 后继业务：系统功能操作。

（二）界面设计

合同管理界面动作说明，如表 6 – 14 所示。

表 6 – 14　　合同管理动作说明

动作编号	动作名称	动作描述
A01	合同增加	调用增加、删除、更新模块
A02	合同删除	调用增加、删除、更新模块
A03	合同更新	调用增加、删除、更新模块
A04	合同查询	按照合同号查询
A05	合同金额统计	按照用户输入的日期统计合同金额

（三）内部逻辑

1. 非税收入增删改查。

用户可以根据合同号查询合同信息。服务层接受页面的请求后根据不同的请求调用实现层不同的方法对数据库进行查询，然后再调用表现层把返回的查询结果显示给用户。具体源代码如下：

```
//查询合同
public ArrayList<HtBean> CheckHt(String hth)
{
ArrayList<HtBean> al = new ArrayList<HtBean>();
try{
    conn = new Conn().getConn();
    ps = conn.prepareStatement("select * from ht where hth ="+hth +"");
    rs = ps.executeQuery();
    while (rs.next()) {
        HtBean hb = new HtBean();
        hb.setHth(rs.getString(1));
        hb.setLb(rs.getString(2));
        hb.setSsq(rs.getString(3));
        hb.setDkdz(rs.getString(4));
        hb.setYddw(rs.getString(5));
        hb.setYsdj(rs.getFloat(6));
        al.add(hb); // 将 al 放到 arrayList 中
    }
} catch (Exception e) {
    e.printStackTrace();
} finally {
    this.close();
}
return al;
}
```

2. 合同金额统计。

此业务的主要功能是对合同金额进行统计。用户点击合同金额统计，服务层接受用户的请求和参数后，调用实现层的方法统计后，再调用表现层的页面显示返回的统计结果。具体源代码如下：

```
private float allPrice =0.0f;
public float StatisticHt(){
```

```
try {
        //总价清空
        this.allPrice = 0.0f;
        conn = new Conn().getConn();
        ps = conn.prepareStatement("select * from ht");
        rs = ps.executeQuery();
        while (rs.next()) {
            this.allPrice = this.allPrice + rs.getFloat(6);
            }
        }catch (Exception e) {
        e.printStackTrace();
    } finally {
        this.close();
    }
    return this.allPrice;
}
```

六、来源类别管理

（一）功能描述

1. 功能类型：来源类别管理。
2. 功能描述：对来源类别进行增加、查找操作。
3. 前提业务：登录。
4. 后继业务：系统功能操作。

（二）界面设计

来源类别管理界面动作说明，如表 6－15 所示。

表 6－15　来源管理动作说明

动作编号	动作名称	动作描述
A01	来源类别增加	调用增加、删除、更新模块
A02	来源类别查询	根据用户输入的来源编号进行查询

（三）内部逻辑

用户可以根据类别编号查询来源类别信息。服务层接受页面的请求后根据不同的请求调用实现层不同的方法对数据库进行查询，然后再调用表现层把返回的查询结果显示给用户。具体源代码如下：

```
    /* 查询类别 * 返回的是 lbBean */
public LbBean getLb(String lbbh){
    LbBean lb = new LbBean();
try{
        conn = new Conn().getConn();
        ps = conn.prepareStatement("select * from lb where lbbh = ?");
        ps.setString(1,lbbh);
        rs = ps.executeQuery();
        if(rs.next()){
            lb.setLbbh(rs.getString(1));
            lb.setLbmc(rs.getString(2));
        }
    }catch(Exception e){
        e.printStackTrace();
    }finally{
        this.close();
    }
    return lb;
}
```

七、退库管理

（一）功能描述

1. 功能类型：退库管理。
2. 功能描述：对退库信息收入进行登记、更新、删除、查询、审核。
3. 前提业务：受让方已缴纳过土地出让金。
4. 后继业务：无。
5. 功能约束：权限约束。
6. 权限约束：退库登记、删除、更新（市国土局）。
7. 退库审核（市财政局）。
8. 退库查看（市国土局、市财政局、市发改委）。

（二）界面设计

退库管理界面动作说明，如表 6－16 所示。

表 6-16　退库管理动作说明

动作编号	动作名称	动作描述
A01	退库登记	调用增加、删除、更新模块
A02	退库删除	调用增加、删除、更新模块
A03	退库更新	调用增加、删除、更新模块
A04	退库查询	按照合同号查询或者查看全部
A05	退库审核	审核退库信息

（三）内部逻辑

根据用户的需求可以查看全部退库信息或者根据合同号查询退库信息。服务层接收到页面的请求后根据不同的请求调用实现层不同的方法对数据库进行查询，然后再调用表现层把返回的查询结果显示给用户。具体源代码如下：

```
        //根据合同号查看退库
    public ArrayList<TkBean> CheckTk(String hth)
    {
        ArrayList<TkBean> al = new ArrayList<TkBean>();
        try{
            conn = new Conn().getConn();
            ps = conn.prepareStatement("select * from tk where hth = " + hth + "");
            rs = ps.executeQuery();
            while (rs.next()) {
                TkBean tb = new TkBean();
                tb.setTkbh(rs.getString(1));
                tb.setHth(rs.getString(2));
                tb.setTkje(rs.getFloat(3));
                tb.setTksj(rs.getDate(4));
                tb.setTk(rs.getBoolean(5));
                al.add(tb); // 将 al 放到 arrayList 中
            }
        } catch (Exception e) {
            e.printStackTrace();
        } finally {
            this.close();
        }
```

```
        return al;
    }
    //查看全部退库信息
    public ArrayList<TkBean> getTkByPage(int pageNow){

        ArrayList<TkBean> al = new ArrayList<TkBean>();
        try {
            conn = new Conn().getConn();
            ps = conn.prepareStatement("select * from tk limit ?,?");
            ps.setLong(1,(pageNow - 1) * pageSize);
            ps.setLong(2,pageSize);
            rs = ps.executeQuery();
            while (rs.next()) {
                TkBean tb = new TkBean();
                tb.setTkbh(rs.getString(1));
                tb.setHth(rs.getString(2));
                tb.setTkje(rs.getFloat(3));
                tb.setTksj(rs.getDate(4));
                tb.setTk(rs.getBoolean(5));
                al.add(tb); // 将al放到arrayList中
            }
        } catch (Exception e) {
            e.printStackTrace();
        } finally {
            this.close();
        }
        return al;
    }
```

八、返拨管理

（一）功能描述

1. 功能类型：返拨管理。
2. 功能描述：申请登记，查看审批返拨信息。
3. 前提业务：受让方已缴纳过土地出让金。
4. 后继业务：无。

5. 功能约束：权限约束。
6. 权限约束：返拨申请登记（受让方）。
7. 退库审核（市国土局、市发改委、市财政局）。

（二）界面设计

返拨管理界面动作说明，如表 6 – 17 所示。

表 6 – 17　　返拨管理动作说明

动作编号	动作名称	动作描述
A01	申请登记	登记返拨信息
A02	查看审核	查看和审核返拨信息

（三）内部逻辑

1. 申请登记。

申请返拨的机构单位，首先向市国土局提出返拨申请，并登记申请返拨金额，服务层接收到请求后，调用实现层的具体方法实现，再把登记结果返回给用户。具体源代码同增加、删除、更新模块。

2. 查看审核。

根据用户的需求可以查看和审核申请返拨信息。服务层接收到页面的请求后调用实现层的方法对数据库进行查询和操作，然后再调用表现层把返回的查询结果显示给用户。具体源代码如下：

```
        /* 查询没有审核的返拨申请(分页) */
public  ArrayList<FbBean> getFbPage(int pageSize,int pageNow){
        //创建一个集合
        ArrayList<FbBean> fanbo = new ArrayList<FbBean>();
        try{
            ct = new Conn().getConn();
            ps = ct.prepareStatement("select * from fb where fb =0 limit ?,? ");
            ps.setLong(1,(pageNow - 1) * pageSize );
            ps.setLong(2,pageSize);
            rs = ps.executeQuery();
        while(rs.next()){
            FbBean fb = new FbBean();
            fb.setFbbh(rs.getInt(1));
            fb.setHtbh(rs.getString(2));
```

```
            fb.setFbje(rs.getDouble(3));
            fb.setFbsj(rs.getDate(4));
            fb.setFb(rs.getBoolean(5));
            fanbo.add(fb);
        }
    }catch(Exception e){
            e.printStackTrace();
    }finally{
            this.close();
    }
    return fanbo;
}
```

九、国库管理

（一）功能描述

1. 功能类型：国库管理。
2. 功能描述：国库信息增加、查看、统计。
3. 前提业务：无。
4. 后继业务：无。
5. 功能约束：权限约束。

（二）界面设计

国库管理界面动作说明，如表 6－18 所示。

表 6－18　国库管理动作说明

动作编号	动作名称	动作描述
A01	国库增加	增加国库信息
A02	国库查看	查看国库信息
A03	国库统计	统计国库总金额

（三）内部逻辑

1. 增加。

服务层接收到页面请求后，调用实现层的具体方法实现，再把登记结果返回给用户。具体源代码同增加、删除、更新模块。

2. 查看。

根据用户的需求可以查看全部国库信息。服务层接收到页面的请求后调用实现层的方法对数据库进行查询和操作，然后再调用表现层把返回的查询结果显示给用户。具体源代码如下：

```
/* 返回有多少条记录 */
public int getrowCount()
{    int rowCount  =0;
     try  {
     ct = new Conn().getConn();
          ps = ct.prepareStatement("select count(*) from gk");
          rs = ps.executeQuery();
          if(rs.next()){
               rowCount = rs.getInt(1);
          }
     } catch (Exception e) {
          // TODO: handle exception
          e.printStackTrace();
     }
     finally{
          this.close();
     }
     return rowCount;
}
/* 返回有多少页 */
public int getGkPageCount(int pageSize){
     int pageCount =0;
     int rowCount =0;
     try  {
          ct = new Conn().getConn();
          ps = ct.prepareStatement("select count(*) from gk");
          rs = ps.executeQuery();
          if(rs.next()){
               rowCount = rs.getInt(1);
          }
          if(rowCount%pageSize = =0){
               pageCount = rowCount/pageSize;
```

```
            }else{
                pageCount = rowCount/pageSize + 1;
            }
        }catch(Exception e){
            e.printStackTrace();
        }
        finally{
            this.close();
        }
        return pageCount;
    }
    /* 分页 */
    public ArrayList<GkBean> getGkPage(int pageSize,int pageNow){
        //创建一个集合
        ArrayList<GkBean> gkfen = new ArrayList<GkBean>();
        try{
            ct = new Conn().getConn();
            ps = ct.prepareStatement("select * from gk limit ?,? ");
            ps.setLong(1,(pageNow - 1) * pageSize );
            ps.setLong(2,pageSize);
            rs = ps.executeQuery();
        while(rs.next()){
            GkBean gb = new GkBean();
            gb.setGkbh(rs.getString(1));
            gb.setKmmc(rs.getString(2));
            gb.setJe(rs.getDouble(3));
            gb.setRksj(rs.getDate(4));
            gkfen.add(gb);
        }
        }catch(Exception e){
            e.printStackTrace();
        }finally{
            this.close();
        }
        return gkfen;
    }
```

十、支出管理

（一）功能描述

1. 功能类型：支出管理。

2. 功能描述：年初，市发改委和市财政局根据市国土局对全年土地出让金收入的预测，按以收定支的原则安排土地出让金支出预算；年中，市发改委再要根据了解到土地出让金实际收入决定年初预算中各项目的支出额度。市财政局进行土地出让金实际的财政支出，并在财政支出管理系统上具体操作。

3. 前提业务：已完成过土地出让金收入业务，有土地出让金收入。

4. 后继业务：无。

5. 功能约束：权限约束。

6. 权限约束：年初预算安排（市发改委）；管理支出额度（市发改委）；查看支出报表（市发改委、市财政局、市国土局）。

（二）界面设计

支出管理界面动作说明，如表6－19所示。

表6－19　支出管理动作说明

动作编号	动作名称	动作描述
A01	年初预算安排	记录相应项目的年初预算安排，完成预算安排业务操作
A02	管理支出额度	可看到年初到当前对应项目的支出执行情况，根据此信息，与市财政局商定后，对支出额度进行调整，录入已确定的支出额度，从而生成支出报表
A03	上传 Excel 表格	上传支出科目信息分类所得数据
A04	查看支出报表	系统根据当前时间，自动将数据库中的相关数据进行汇总计算，得出对应项目年初到当前的支出执行情况，并显示对应项目当前已确定的支出额度

（三）内部逻辑

1. 年初预算安排。

点击年初预算安排后，跳转到添加项目信息页面，填写完信息后向服务层发送请求，服务层接收到页面请求后，调用实现层的具体方法实现，再把结果返回给用户。具体源代码同增加、删除、更新模块。

2. 管理支出额度。

点击管理支出额度后，页面向服务层发送请求，服务层接收到页面请求后，调用实现层的具体方法实现，再把结果返回给用户。具体源代码如下：

```
    /* 查询所有支出项目(分页) */
public ArrayList<ZcxmBean> getZcxmPage(int pageSize,int pageNow){
  //创建一个集合
  ArrayList<ZcxmBean> zcxm = new ArrayList<ZcxmBean>();
  try{
      ct = new Conn().getConn();
      ps = ct.prepareStatement("select * from zcxm limit ?,? ");
      ps.setLong(1,(pageNow - 1) * pageSize );
      ps.setLong(2,pageSize);
      rs = ps.executeQuery();
  while(rs.next()){
      ZcxmBean zb1 = new ZcxmBean();
      zb1.setXmbh(rs.getString(1));
        zb1.setXmmc(rs.getString(2));
        zb1.setNcys(rs.getDouble(3));
        zb1.setZced(rs.getDouble(4));
        zb1.setZxqk(rs.getDouble(5));
      //加入 al
      zcxm.add(zb1);
  }
  }catch(Exception e){
      e.printStackTrace();
  }finally{
      this.close();
  }
  return zcxm;
}
```

3. 上传Excel表格。

点击上传Excel表格后，页面向服务层发送请求，服务层接收到页面请求后，调用实现层的具体方法，再把结果返回给用户。具体源代码如下：

```
    public class SCWJClServlet extends HttpServlet {
  private static final long serialVersionUID = 1L;
  boolean b = false;
```

```
boolean f = true;
public SCWJClServlet() {
    super();
}
public void destroy() {
    super.destroy();
}
public void doGet(HttpServletRequest request,HttpServletResponse response)
    throws ServletException,IOException {
     SCWJ_into in = new SCWJ_into();
     SCWJ_excel ex = new SCWJ_excel();
    String path = request.getParameter("excel");
    String path1 = "F:" + path;
    System.out.println(path1);
    File file = new File(path1);
    List<?> ls = ex.addCustomerAssign(file);
    Iterator<?> iter = ls.iterator();
    while(iter.hasNext())
    {
     ZckmBean zb = (ZckmBean)iter.next();
     if(in.insertexcel(zb)){
      b = true;
     }else{
      f = false;
     }
    }
  //把返回的布尔值放到 request 中
    request.setAttribute("success",b + "");
    request.setAttribute("fail",f + "");
    request.getRequestDispatcher("Zckm/SCWJ_GLED.jsp").forward(re-
    quest,response);
}
public void doPost(HttpServletRequest request, HttpServletResponse re-
sponse)
throws ServletException,IOException
    {
doGet(request,response);
```

```
    }
    public void init() throws ServletException {
        // Put your code here
    }
}
```

4. 查看支出情况列表。

点击管理支出额度后，页面向服务层发送请求，服务层接收到页面请求后，调用实现层的具体方法实现，再把结果返回给用户。具体源代码如下：

```
/* 查询所有支出项目(分页) */
public ArrayList<ZcxmBean> getZcxmPage(int pageSize,int pageNow){
    //创建一个集合
    ArrayList<ZcxmBean> zcxm = new ArrayList<ZcxmBean>();
    try{
        ct = new Conn().getConn();
        ps = ct.prepareStatement("select * from zcxm limit ?,? ");
        ps.setLong(1,(pageNow - 1) * pageSize );
        ps.setLong(2,pageSize);
        rs = ps.executeQuery();
    while(rs.next()){
        ZcxmBean zb1 =new ZcxmBean();
        zb1.setXmbh(rs.getString(1));
        zb1.setXmmc(rs.getString(2));
        zb1.setNcys(rs.getDouble(3));
        zb1.setZced(rs.getDouble(4));
        zb1.setZxqk(rs.getDouble(5));
        //加入 al
        zcxm.add(zb1);
    }
    }catch(Exception e){
        e.printStackTrace();
    }finally{
        this.close();
    }
    return zcxm;
}
```

参考文献

[1] 谭云杰．大象——Thinking in UML［M］．北京：中国水利水电出版社，2009.

[2] 张立厚，莫赞，张延林，陶雷．管理信息系统开发与管理［M］．北京：清华大学出版社，2008.

[3] 刁成嘉，刁奕．UML系统建模与分析设计课程设计［M］．北京：机械工业出版社，2008.